중학교부터 시작하는

최상위 1%
수학
프로젝트

FUKABORI! CHUGAKUSUGAKU:KYOKASHO NI KAKARETEINAI SUGAKU NO HANASHI
by Chiaki Sakama
© 2021 by Chiaki Sakama
Originally published in 2021 by Iwanami Shoten, Publishers, Tokyo.
This Korean edition published 2023 by DONGA M&B Co., Ltd., Seoul
by arrangement with Iwanami Shoten, Publishers, Tokyo
through Danny Hong Agency, Seoul

중학교부터 시작하는
최상위 1%
수학
프로젝트

초판 1쇄 발행 2023년 7월 20일

글쓴이	사카마 치아키
옮긴이	김지예
감수	정동은
편집	양승순
디자인	박영정
펴낸이	이경민
펴낸곳	㈜동아엠앤비
출판등록	2014년 3월 28일(제25100-2014-000025호)
주소	(03972) 서울특별시 마포구 월드컵북로 22길 21 2층
전화	(편집) 02-392-6901 (마케팅) 02-392-6900
팩스	02-392-6902
홈페이지	www.dongamnb.com
이메일	damnb0401@naver.com
SNS	

ISBN   979-11-6363-672-4 (43410)

※ 책 가격은 뒤표지에 있습니다.
※ 잘못된 책은 구입한 곳에서 바꿔 드립니다.

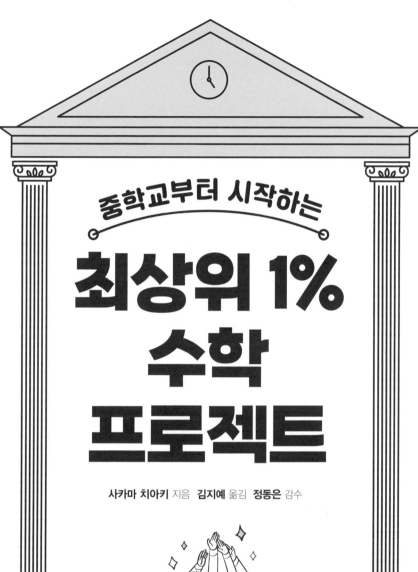

중학교부터 시작하는

최상위 1%
수학
프로젝트

사카마 치아키 **지음** **김지예** 옮김 **정동은** 감수

동아엠앤비

알면 알수록 재미있고 신기한 수학의 세계로 초대합니다

수학은 숫자와 도형을 다루는 학문입니다. 우리 주변에 있는 것을 산술적으로 이해하고 계산하는 능력을 키우는 한편 추상적인 수와 도형의 개념을 이해하고, 방정식을 풀거나 정리를 증명하는 능력을 키우는 것이 수학을 배우는 목적입니다. 중학교 수학에서는 방정식, 인수분해, 제곱근, 평면 도형과 입체 도형, 피타고라스의 정리, 함수 등 매우 다양한 내용을 배웁니다. 이렇게 많은 내용으로 교과과정이 짜여져 있기 때문에, 학교에서는 각 주제에 대해 깊이 탐구할 시간적 여유가 거의 없는 것이 현실입니다.

학교에서 배우는 기본 공식이나 정리를 아는 것도 중요하지만 공식이나 정리가 도출되기까지의 과정에 대해 생각해 보고, 그 의미를 이해하는 것도 매우 중요합니다. 따라서 이 책에서는 학교 수업에서 다루지 않는 것과 '공식'이라고 정리된 내용에 대해 더욱 깊이 있게 살펴보고자 합니다.

이 책은 필자가 대학 교양수학 시간에 강의하는 내용을 중학생을 위해 재구성했습니다. 그런데 이 내용으로 강의를 하다 보면, 그렇게 생각해 본 적이 없다고 말하는 대학생이 꽤 있습니다. 많은 학생들에게 중고등학교 수학이란 공식을 암기하고 입시 문제를 풀기 위한 기술을 익히는 것이 목적이기 때문에, 왜 그렇게 되는지 깊이 생각해 볼 여유가 없었기 때문일 것입니다.

많은 독자들이 '삼각형에서 내각의 합은 180°이다', '나눗셈을 할 때 0으로 나누면 안 된다' 등을 당연한 사실이라고 생각합니다. 그러나 왜 그렇게 되는지 물어보면 제대로 대답하는 사람은 많지 않습니다. 이 책에서는 당연한 사실이 그렇게 되는 이유와 쉽게 대답하지 못하는 주제에 대해 다뤄 보려 합니다. 이 책은 총 8장으로 구성되어 있지만, 각 장은 독립적인 내용을 다루고 있으므로 관심 있는 부분을 먼저 읽어도 좋습니다. 각 장의 주제와 관련해 더 생각해 볼 내용을 '칼럼'으로 실었습니다.

이 책은 중고등학생은 물론 대학생, 일반인이 읽어도 좋습니다. 중고등학교 수학 교사에게는 교과서에서 다루지 않는 깊이 있는 내용을 학생들에게 어떻게 전달하면 좋을지 생각해 보는 데 도움이 되리라 생각합니다. 마지막으로 독자 여러분을 만나게 되어 정말 기쁘고 감사합니다.

−사카마 치아키

차례

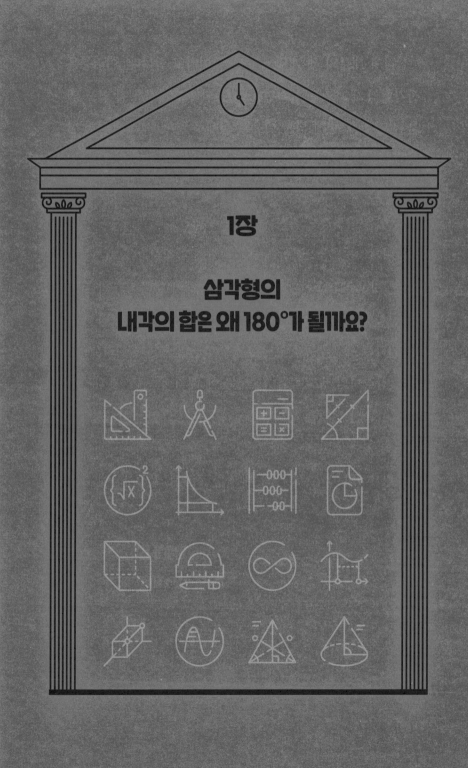

1장

삼각형의
내각의 합은 왜 180°가 될까요?

삼각형 내부의 세 개의 각을 **내각**이라고 합니다. 여러분은 삼각형의 세 내각을 합하면 180°가 된다는 사실을 잘 알고 있을 겁니다. 그렇게 되는 이유를 실제로 알아볼까요? 먼저 삼각형 모양의 종이를 준비합니다. 다음으로 가장 큰 내각을 가진 꼭짓점을 대변에 접하도록 접습니다. (①→②) 마지막으로 남아 있는 꼭짓점도 접습니다. (③→④)

이렇게 해서 삼각형의 내각 세 개를 일직선상에 배치했습니다. 직선은 180°이므로 삼각형의 내각의 합이 180°가 된다는 사실을 알 수 있지요. 삼각형에서 세 내각을 합하면 180°가 된다는 것은 초등학교 4학년 수학 시간에 배웁니다. 아마 그때 삼각형의 세 내각을 일직선상에 배치해 보고, 세 내각의 합이 180°가 된다는 점도 배웠을 겁니다. 그런데 삼각형에도 다양한 형태가 있습니다.

그림 1-1의 경우 세 개의 내각을 모아서 일직선상에 배열

그림 1-1

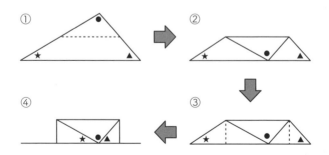

할 수 있었지만, 모든 경우에 이렇게 배열할 수 있을까요? 모든 형태의 삼각형을 가지고 이렇게 할 수 있는지 실제로 확인하기란 불가능합니다. 그렇다면 삼각형의 내각의 합이 항상 180°가 된다는 사실을 증명하려면 어떻게 해야 할까요?

삼각형의 내각의 합이 180°가 되는 이유

삼각형에서 내각의 합이 항상 180°가 된다는 것을 증명하기 위해서는, 어떤 모양의 삼각형이든 세 내각을 더하면 180°가 된다는 것을 논리적으로 설명해야 합니다. 이처럼 '논리적으로 설명하는' 과정을 수학에서는 **증명**이라고 합니다. 그러면 삼각형의 내각의 합이 180°가 된다는 점을 어떻게 증명할 수 있을까요? 중학교 1학년 수학 교과서에는 다음과 같은 증명이 실려 있습니다.

△ABC에서 AB와 평행한 선분 CD를 그립니다. (아래 그림 참고) 이때,

$a = a'$(엇각이 서로 같다)

$\beta = \beta'$(동위각이 서로 같다)

$a' + \beta' + r = 180°$(일직선)

$\therefore a + \beta + r = 180°$

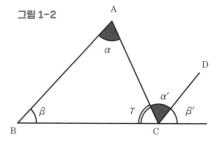

그림 1-2

여기에서 a(알파), β(베타), r(감마)는 그리스어 문자이며, 각각 세 내각의 크기를 나타냅니다. 위의 증명에서는 평행선 상의 엇각이 서로 같다, 동위각이 서로 같다, 일직선의 각도가 $180°$가 된다는 세 가지 사실이 사용되었습니다. 엇각과 동위 각은 두 직선 ℓ과 m이 평행($\ell//m$)할 때, 다음의 그림과 같은 관계가 되는 두 각을 가리킵니다.

그림 1-3

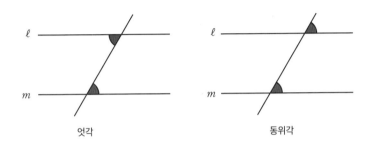

엇각　　　　　　　　　　　동위각

그러면 위의 증명에서 사용된 '엇각이 서로 같다', '동위각 이 서로 같다', '일직선은 $180°$가 된다'고 하는 각각의 이유 에 대해 생각해 볼까요?

먼저 일직선의 각도가 $180°$가 되는 이유에 대해 살펴봅시 다. 기원전 2천 년경 메소포타미아의 바빌로니아인은 천구 상의 태양이나 별의 위치가 약 360일 주기로 바뀐다는 사실 을 발견했습니다. 그래서 태양이나 별이 천구를 일주하는 각 도를 $360°$로 정하고, 그 절반인 $180°$는 반원, 다시 말해 원을

반으로 나누는 직선의 각도로 정했습니다. 이처럼 사람들이
규정한 개념을 **정의**라고 합니다.

　다음으로는 평행선의 엇각이 서로 같은 이유에 대해 살펴보
겠습니다. 중학교 1학년 수학 교과서에는 다음과 같은 증명이
실려 있습니다.

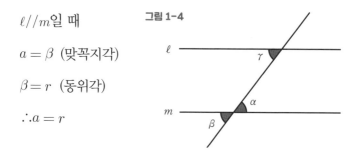

$\ell // m$일 때

그림 1-4

$a = \beta$ (맞꼭지각)

$\beta = r$ (동위각)

$\therefore a = r$

　여기에서 맞꼭지각이란 두 직선이 교차할 때 만들어지는 서
로 마주 보는 각을 뜻합니다. 엇각이 서로 같다는 것은 맞꼭지
각이 서로 같다는 사실을 사용해서 증명합니다. 맞꼭지각이
서로 같다는 사실은 다음과 같이 증명할 수 있습니다.

$a + r = 180°$

그림 1-5

$\beta + r = 180°$

$\therefore a = \beta = 180° - r$

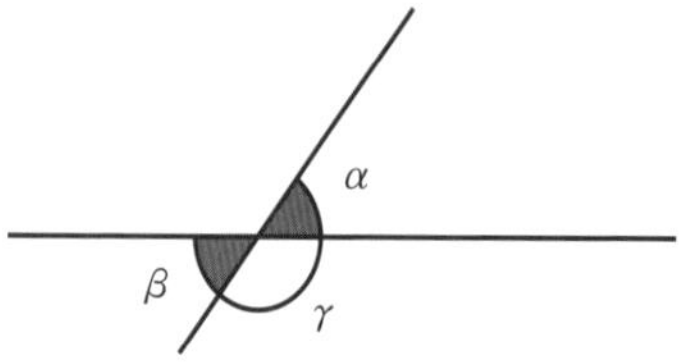

여기에서 $a + r = 180°$, $\beta + r = 180°$가 정의였습니다. 그러므로 맞꼭지각 a와 β가 서로 같다는 것은 정의만 사용해서 증명할 수 있습니다. 여기까지의 내용을 정리해 보겠습니다.

1. 삼각형 내각의 합이 $180°$라는 것을 증명하는 데 엇각이 서로 같다, 동위각이 서로 같다, 일직선은 $180°$가 된다는 내용이 사용되었다.

2. 이 중에서 일직선은 $180°$가 된다는 것은 정의이다.

3. 엇각이 서로 같다는 것은 맞꼭지각이 서로 같다는 것과 동위각이 서로 같다는 것을 사용해 증명할 수 있다.

4. 맞꼭지각이 서로 같다는 것은 일직선이 $180°$가 된다는 정의를 사용해 증명할 수 있다.

위에서 살펴본 사실을 그림으로 나타내면 다음과 같습니다.

그림 1-6

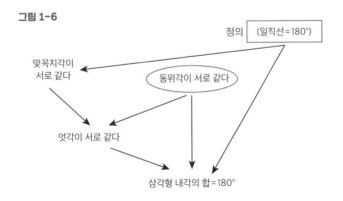

맞꼭지각이 서로 같다는 것은 일직선이 180°라는 정의에서 도출할 수 있으며, 엇각이 서로 같다는 것은 맞꼭지각이 서로 같다는 것과 동위각이 서로 같다는 것을 통해 도출할 수 있습니다. 그러나 동위각이 서로 같다는 것은 어느 내용에서도 도출할 수 없습니다. 그렇다면 동위각이 서로 같다는 것은 어떻게 증명할 수 있을까요? 신기하게도 중학교 수학 교과서에는 동위각이 서로 같다는 것에 대한 증명은 실리지 않았습니다. 어떤 교과서에서는 동위각이 서로 같다는 점에 대해 다음과 같이 설명합니다.

하나의 직선 n에 대한 동위각이 같아지도록 두 직선 ℓ, m을 그으면 ℓ, m은 평행하게 된다. 또한 평행선 ℓ, m에 교차하는 하나의 직선 n을 그으면 동위각은 서로 같게 된다. 다시 말해, 다음의 관계가 성립한다.

$a = \beta$ 라면 $\ell // m$

$\ell // m$ 이라면 $a = \beta$

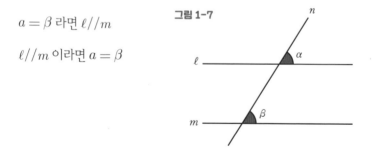

그림 1-7

동위각이 서로 같다면 두 직선은 평행하며, 반대로 두 직선이 평행하면 동위각이 서로 같다고 언급되어 있습니다. 그러나 이 내용만 가지고는 평행선의 동위각이 서로 같다는 사실은 알 수 있을지 몰라도, 왜 서로 같게 되는지에 대해서는 알 수 없습니다. 동위각이 서로 같다는 것은 '일직선이 $180°$가 된다'와 같은 정의와는 완전히 다릅니다. 그렇다면 왜 중학교 수학 교과서에는 동위각이 서로 같은 것에 대한 증명이 실리지 않은 것일까요?

유클리드 기하학이란 무엇일까요?

삼각형과 같은 도형의 성질에 대해 다루는 수학 분야를 **기하학**이라고 합니다. 고대 이집트에서 토지의 측량을 통해 경험적으로 알게 된 지식을, 기원전 3세기경 그리스의 **유클리드**가 자신의 저서 《원론》에 '기하학'이라는 명칭으로 정리했습니다. 《원론》은 총 13권으로 구성되어 있으며, 19세기에 이르기까지 수학 교과서로 사용되어 서양에서는 '성경 다음가는 베스트셀러'라고 불렸습니다.

《원론》에서는 먼저 기하학에서 사용되는 점이나 선 같은 기본 개념의 정의를 제시합니다. 예를 들자면 다음과 같습니다.

1. 점은 쪼갤 수 없는 것이다.
2. 선은 폭이 없는 길이이다.
3. 선의 양 끝은 점으로 이루어져 있다.
4. 직선은 고르게 놓여 있는 점 위에 있는 선이다.

5. 면은 길이와 폭만 가지고 있다.

다음으로 명백하게 참으로 받아들여지는 성질을 **공리** 또는 '공통 개념'으로 제시합니다. 공리에 대해서는 다음과 같은 예시를 들 수 있습니다.

1. A = B이고 B = C이면 A = C이다.
2. A + B = B + C이면 A = B이다.
3. A − C = B − C이면 A = B이다.
4. 서로 대응하는 것들끼리 완전히 일치하는 것은 서로 같다.
5. 전체는 부분보다 크다.

그리고 전제 또는 암묵적인 가정으로 받아들여지는 성질을 다음의 다섯 가지 **공준**으로 제시합니다.

1. 임의의 점에서 다른 임의의 점으로 직선을 그을 수 있다.
2. 임의의 선분을 연장해서 그을 수 있다.
3. 임의의 점을 중심으로 하는 특정한 반지름을 가진 원을 그릴 수 있다.
4. 모든 직각의 크기는 서로 같다.
5. 직선이 다른 두 직선과 교차할 때 같은 쪽 내각의 합이

180°보다 작은 경우, 이 두 직선을 무한히 연장했을 때 내각의 합이 180°보다 작은 쪽에서 만나게 된다.

다섯 가지 공준 중에서 1번부터 4번까지는 직감적으로 이해할 수 있을 겁니다. 그런데 다섯 번째 공준은 앞의 네 가지와 달리 조금 어려울 수 있습니다. 그러므로 이 점에 대해 자세히 살펴봅시다.

직선 m이 두 직선 ℓ_1, ℓ_2와 교차하는 각도를 a, β ($a + \beta \leq 180°$)라고 합시다. $a + \beta \geq 180°$인 경우는 m에 대해 반대편인 각도 $a' = 180° - a$ 및 $\beta' = 180° - \beta$의 합을 생각해 보면,

$$a' + \beta' = 360° - (a + \beta) \leq 180°$$

가 성립합니다. 유클리드의 다섯 번째 공준은 $a + \beta < 180°$라면 두 직선 ℓ_1과 ℓ_2는 a와 β쪽의 한 점에서 만난다는 것을 의미합니다.

그림 1-8

$a + \beta < 180°$라면 두 직선은 교차한다

그러면 지금부터 다섯 번째 공준을 바꿔 말한 다음과 같은 조건문을 살펴보겠습니다.

직선 m이 두 직선 ℓ_1, ℓ_2와 교차하는 각도를 α, β라고 할 때, ℓ_1과 ℓ_2가 교차하지 않는다면 $\alpha + \beta = 180°$입니다.

그림 1-9

두 직선이 교차하지 않는다면 $\alpha + \beta = 180°$

여기에서 원래의 조건문인 '$\alpha + \beta < 180°$라면 두 직선은 교차한다'와, 바꿔 말한 '두 직선이 교차하지 않는다면 $\alpha + \beta = 180°$'의 관계에 대해 생각해 보겠습니다.

조건문 '●●라면 ▲▲'에 대해 '▲▲가 아니라면 ●●가 아니다'라는 것은 원래의 조건문에 대한 **대우**라고 합니다. 여기에서 원래의 조건문이 옳은(**참**) 경우에는 그 대우 역시 옳다고 할 수 있습니다. 예를 들어,

△ABC가 정삼각형이라면 AB = BC = CA

라는 조건문의 대우는

AB = BC = CA가 아니라면 △ABC는 정삼각형이 아니다

가 됩니다. 다시 말해, 원래의 조건문과 그 대우는 같은 의미를 지닌 문장을 바꾸어 말한 것이지요. 음주 운전 방지 표어

중에 '마셨다면 핸들을 잡지 말 것, 핸들을 잡을 것이라면 마시지 말 것'이라는 말이 있습니다. 이것은 '(술을) 마셨다면 운전을 하지 말 것', '운전을 할 예정이라면 (술을) 마시지 말 것'과 대우 관계에 있는 표현입니다. 동일한 의미의 문장을 표현만 바꿔서 반복하면 강조하는 효과를 낼 수 있습니다.

그러면 유클리드의 제5공준과 이를 바꾸어 말한 조건문을 다시 살펴봅시다. 이 두 가지는 대우 관계에 있습니다.

그림 1-10

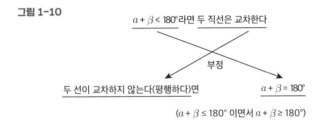

여기에서 $a + \beta < 180°$를 부정하면 $a + \beta \geq 180°$가 되는데, 처음에 $a + \beta \leq 180°$라고 가정했으므로, $a + \beta \geq 180°$와 $a + \beta \leq 180°$가 동시에 성립하기 위해서는 $a + \beta = 180°$가 된다는 점에 유의해 주세요. 이처럼 제5공준은 평행선의 성질이라고 바꿔 말할 수 있기 때문에 '**평행선 공리**'라고 부르기도 합니다.

이제 평행선의 동위각이 서로 같다는 사실을 증명할 준비가 되었습니다. 동위각이 서로 같다는 것을 증명하는 방법은 다음과 같습니다. 다음의 그림에서 두 직선 ℓ, m이 평행할 때,

$a + \beta = 180°$(평행선 공리) 　　**그림 1-11**

$\beta + r = 180°$(정의)

$\therefore a = r = 180° - \beta$

　동위각이 같다는 것을 증명하기 위해서 평행선 공리가 필요했던 것입니다. 그러나 중학교 수학에서는 유클리드의 제5공준까지 거슬러 올라가 이해하기란 쉽지 않기 때문에, 교과서에는 동위각이 서로 같다는 것에 대한 증명은 실려 있지 않습니다. 고등학교에서는 논증기하 형태의 유클리드 기하학을 학습하지 않습니다. 따라서 학생들이 삼각형의 내각의 합이 180°라는 것을 알고, 그 증명에 대해서도 알고 있는 것처럼 보이지만 사실은 모르는 경우가 많으리라 생각합니다. 그러면 다음과 같은 '완전한' 증명을 정리해 보겠습니다.

삼각형의 내각의 합이 180°가 되는 것에 대한 증명

　삼각형 ABC가 주어졌을 때, 선분 AB에 평행한 선분 DE를 긋는다. 이때,

　　$\angle ACD = \angle ECF = 180° - \angle DCF$ (정의) …(1)

　$a + \angle ACE = 180°$ (평행선 공리) …(2)

　(2)에서, $a = 180° - \angle ACE = \angle ECF$ …(3)

(1), (3)에서, $a = \angle\text{ACD}$ $\cdots$(4)

마찬가지로 $\beta = 180° - \angle\text{BCD} = \angle\text{DCG}$ $\cdots$(5)

(4), (5)에서,

$a + \beta + r = \angle\text{ACD} + \angle\text{DCG} + r = 180°$ (정의)

(증명 종료)

그림 1-12

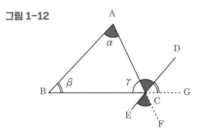

 이번 장 첫 부분에서 언급한, 교과서에 실린 증명과 비교해 보길 바랍니다. 교과서에 실린 증명에서는 엇각이 서로 같다는 것과 동위각이 서로 같다는 것이 증명에 사용되었습니다. 한편, 이런 사실을 정의와 공리까지 거슬러 올라가 기술한 것이 방금 언급한 완전한 증명입니다. 수학에서 어떤 사실을 증명할 때마다 정의와 공리까지 거슬러 올라가 증명하기란 쉽지 않지요. 그렇기 때문에 중학교 수학 교과서에서는 먼저 엇각이 서로 같다는 점을 증명하고, 그 결과를 사용해 삼각형 내각의 합이 180°가 된다는 점을 증명한 것입니다. 다만, 동위각이 서로 같다는 점에 대한 증명은 앞서 말한 이유로 생략되어 있습니다.

수학에서는 먼저 개념을 결정하는 정의를 제시하고, 그다음으로 조건 없이 옳다고 받아들여지는 사실로서의 공리를 제시합니다. (현대 수학에서는 공준이 공리에 포함되며, 이 둘을 구별하지 않습니다.) 정의된 개념과 공리를 사용해서 논리적으로 도출(증명)한 사실을 **정리**라고 합니다. 여기에서 '논리적'이란 것은 이치에 맞는 설명을 전개한다는 뜻입니다. 한번 증명된 정리는 올바른 사실이라고 받아들여지며, 새로운 정리를 증명하는 도구로 사용할 수 있습니다. 삼각형의 내각의 합이 180°라는 사실은 증명된 정리로 사용할 수 있으며, 더욱 복잡한 문제를 증명할 때 새롭게 증명해야 할 필요가 없습니다.

그림 1-13

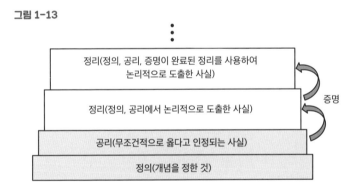

유클리드 기하학은 이처럼 정의와 공리(공준)를 통해 정리를 증명하는 **'논증 수학'**을 확립했으며, 향후 수학 발전에 큰 영향을 미쳤습니다.

그러면 이제부터 이 장의 첫 부분에서 색종이를 사용해 '증

명'했던 것을 수학적으로 증명해 보겠습니다. 그림 1-14에서,

$\angle ADE = \beta$ (동위각)

$\angle ADE = \angle FDE$, $a = \angle DFE$ (선대칭)

$\angle FDE = \angle DFB$ (엇각)

따라서, $\angle DFB = \beta$이다. 마찬가지로 $\angle EFC = r$이다.

$\therefore a + \beta + r = \angle DFE + \angle DFB + \angle EFC$

$= 180°$(정의)

(증명 종료)

그림 1-14

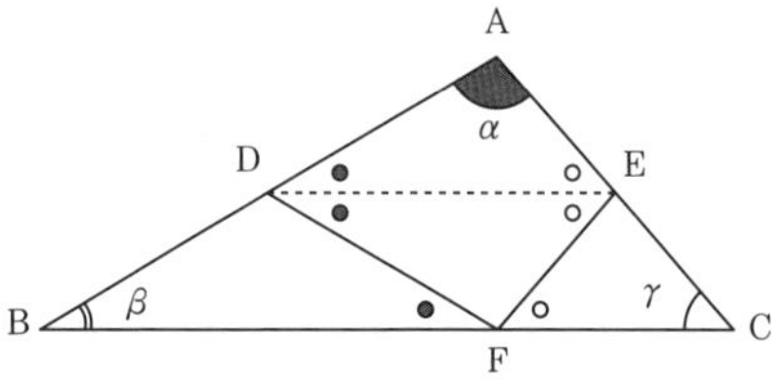

위에서 '선대칭'이란 선분 DE로 접었을 때 대응하는 각이라는 뜻입니다. 이때, △ADE와 △FDE가 합동이 되기 때문에, 대응하는 각의 크기도 같아집니다.

이것으로 삼각형 종이를 접었을 때, 세 내각의 합이 $180°$가 된다는 것을 수학적으로 증명했습니다. 이것은 교과서에 실린 것과는 다른 증명입니다. 수학적인 사실을 증명하는 데에는 여러 가지 방법이 있습니다.

사각형의 내각의 합은
어떻게 계산해야 할까요?

삼각형의 내각의 합이 180°가 된다는 것을 알아보았습니다. 그렇다면 사각형의 내각의 합은 과연 몇 도가 될까요? 여기서 사각형의 내각이란 사각형의 안쪽에 있는 네 개의 각을 말합니다. 예를 들어, 그림 1-15와 같은 사각형에 대해 생각해 볼까요?

그림 1-15

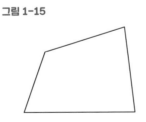

여기서 두 가지 전형적인 '해답'을 말해 보겠습니다. 이 두 가지 답은 초등학교 4학년 수학 교과서에 실려 있습니다.

해답 1

(1) 사각형에 대각선을 그어서 두 개의 삼각형으로 나눈다.

(2) 삼각형의 내각의 합은 180°이므로, $180° \times 2 = 360°$

그림 1-16

해답 2

(1) 사각형 내부에 점을 하나 찍어서 네 개의 삼각형을 만든다.

(2) 네 개의 삼각형 내각의 합에서 점 주변의 각도를 빼면,

$180° \times 4 - 360° = 360°$

그림 1-17

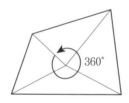

해답 1은 사각형을 대각선으로 이등분해서 삼각형 두 개로 나누어 생각하는 것으로, 흔히 떠올릴 수 있는 계산 방법입니다. 그러나 사각형 중에서는 다음의 그림처럼 대각선을 그을

경우, 삼각형 두 개로 나눌 수 없는 형태가 있습니다.

그림 1-18

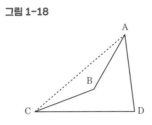

위의 그림에서 사각형 ABCD는 오목 사각형(움푹 들어간 사각형)이며, 선분 AC는 마주한 꼭짓점 A와 C를 연결하는 대각선이 됩니다. 이때, 선분 AC는 사각형을 이등분하지 않습니다. 마찬가지로 해답 2에서도, 내부의 한 점을 찍는 위치에 따라 사각형 내부에 삼각형 네 개가 만들어지지 않는 경우가 있습니다.

그림 1-19

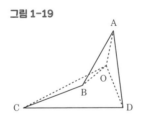

위의 그림에서 사각형 ABCD 내부의 점 O에 대해 삼각형 OBC와 삼각형 OCD가 사각형 밖으로 튀어나오는 것을 볼 수 있습니다.

오목 사각형은 애초에 고려할 대상이 아니라고 생각하는 독자도 있을 겁니다. 그렇다면 사각형은 어떤 도형인지, 사각형의 정의를 먼저 확인해 볼까요? 삼각형이나 사각형 같은 도형에 대해서는 초등학교 수학 시간에 배웁니다. 일본의 초등학교 2학년 수학 교과서를 보면 다음과 같이 정의되어 있습니다.

세 개의 직선으로 둘러싸인 도형을 삼각형이라고 한다.
네 개의 직선으로 둘러싸인 도형을 사각형이라고 한다.

위에서 네 개의 '직선'으로 둘러싸인 도형을 사각형이라고 정의한다는 점에 주의해 주세요. 여기에서 직선이란 '꺾이거나 굽은 곳이 없는 선을 의미한다'고 설명합니다. 중학교 수학에서는 직선과 선분에 대해 배웁니다. 다음은 일본의 한 교과서에 실려 있는 설명입니다.

직선이란 양쪽으로 끝없이 뻗어나갈 수 있는 선이다. 두 점 A, B를 지나는 직선은 하나밖에 없다. 두 점 A, B를 지나는 직선을 **직선** AB 라고 한다.

직선 AB 중에서 A에서 B까지를 선분 AB라고 한다. 삼각형의 변이나 원의 지름은 선분이다.

그림 1-20

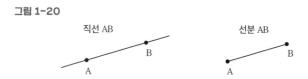

삼각형이나 사각형의 변은 길이가 유한하기 때문에 직선이 아니라 선분이라고 합니다. '초등학생이 직선과 선분을 구별하는 것은 쉽지 않기 때문에 직선이라고 설명하는 것이겠지. 직선이든 선분이든 둘러싸여 있는 도형을 가리키는 것이니 같은 것이겠지.'라고 생각할지 모르겠습니다. 물론 삼각형을 '세 개의 직선으로 둘러싸인 도형'이라고 하든, '세 개의 선분으로 둘러싸인 도형'이라고 하든 같은 뜻이 됩니다. 하지만 사각형의 경우에는 설명이 달라집니다.

만약 사각형이 네 개의 선분으로 둘러싸인 도형이라면, 오목 사각형도 당연히 그 안에 포함됩니다. 그러나 사각형이 네 개의 직선으로 둘러싸인 도형이라고 하면, 오목 사각형은 사각형에 포함되지 않습니다. 그림 1-21은 앞서 언급한 오목 사각형 ABCD의 각 변을 연장하여 그린 것입니다. 이때, 네 개의 '직선'으로 둘러싸인 도형은 오목 사각형 ABCD의 내부에 만들어진 볼록 사각형(색칠한 부분)이라는 점에 유의하세요.

그림 1-21

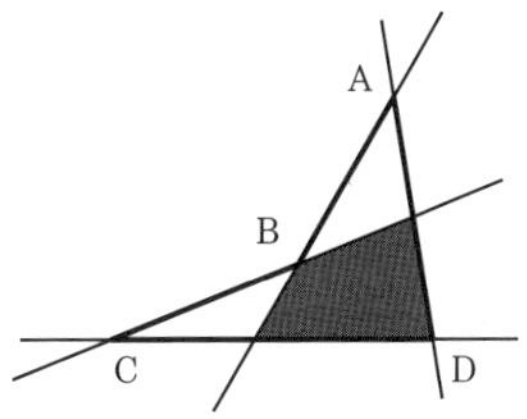

다시 말해, 사각형의 정의가 '네 개의 선분으로 둘러싸인 도형'이라면 오목 사각형이 사각형에 포함되고, '네 개의 직선으로 둘러싸인 도형'이라면 오목 사각형은 사각형에 포함되지 않습니다. 그렇다면 어떤 것이 올바른 정의일까요?

여러 사전에서 '사각형'의 정의를 찾아보았습니다. (직선과 선분은 알아보기 쉽도록 굵은 글씨로 표기했습니다.)

· 네 개의 **선분**으로 둘러싸인 도형. (〈위키피디아〉 한국어판)

· 네 개의 꼭짓점을 가지고 있고, 네 개의 **선분**으로 둘러싸인 평면 도형. (〈다음 국어사전〉)

· 네 개의 **직선**으로 둘러싸인 평면 도형. (동아 《새국어사전》 제5판)

· 네 개의 점과 그 점들을 연결하는 네 개의 **선분**으로 둘러싸인 평면 도형. (《수학대백과사전》)

· 사각형은 평면 위에서 네 개의 **직선**으로 둘러싸인 도형을 말한다. (〈위키피디아〉 일본어판)

· 평면상에 서로 다른 네 개의 점 A, B, C, D가 있고, **선분** AB, BC, CD, DA의 어떤 두 개의 교점이 모두 A, B, C, D 중 어느 하나에 속하는 경우, 이 네 개의 **선분**이 만드는 도형을 사변형 ABCD 또는 사각형 ABCD라고 한다. (일본 《세계대백과사전》 제2판)

- 네 개의 **선분**이 순서대로 끝점에서 연결되어 닫힌 길을 만드는데, 그 선분들은 끝점 외에서는 교차하지 않는다. 이때, 이 네 개의 **선분**은 평면을 두 부분으로 나눈다. 이 도형을 사각형이라고 한다. (일본 《신수학사전》)

이것이 대체 무슨 말일까요! 사전마다 사각형에 대한 정의가 조금씩 다릅니다. 위에서 언급한 〈위키피디아〉 한국어판, 〈다음 국어사전〉, 《수학대백과사전》에서는 '네 개의 선분으로 둘러싸인 도형'이라고 했고, 동아 《새국어사전》과 〈위키피디아〉 일본어판에서는 '네 개의 직선으로 둘러싸인 도형'이라고 정의했습니다. 일본 《세계대백과사전》과 《신수학사전》에서는 다른 사전보다 좀 더 깊이 있는 정의를 내렸습니다. 여기서 《세계대백과사전》의 정의를 자세히 살펴보도록 합시다. 이 정의에 따르면, 사각형의 네 선분의 교점은 A, B, C, D 중 어느 하나여야 한다고 했습니다. 따라서 그림 1-22의 도형은 사각형이 아닙니다.

그림 1-22

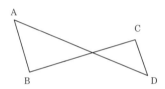

사각형을 '네 개의 선분으로 둘러싸인 도형'이라고 정의한다면 '둘러싸인'이라는 말의 의미가 애매하기 때문에, 그림 1-22의 도형이 사각형에 포함되는지, 그렇지 않은지 정확히 알 수 없습니다. 그림 1-22의 도형은 일반적으로 사각형이라고 말하지 않기 때문에 이 정의는 정확하다고 할 수 없습니다.

《신수학사전》의 정의에서는 끝점 이외에는 교차하지 않는다고 했는데, '닫힌 길'이라는 수학 전문 용어를 사용했기 때문에 이해하기가 더 어렵습니다. 네 개의 선분이 '닫힌 길'을 만든다는 것은 어느 점에서 시작해 차례대로 선분을 거쳐 원래의 점으로 돌아올 수 있는 것을 의미합니다. 또한 '이 네 선분이 평면을 두 부분(사각형 안쪽과 바깥쪽)으로 나눈다'라고 적혀 있기 때문에, 그림 1-22에서처럼 선분이 교차하는 경우는 제외됨을 알 수 있습니다. 그런데, 《신수학사전》에서는 '사각형 내각은 삼각형과는 달라서, 180°보다 커지는 경우도 있다'고 설명합니다. 그리고 '모든 끝점의 내각이 180°보다 작은 사각형을 볼록 사각형, 어느 끝점의 내각이 180°보다 큰 사각형을 오목 사각형이라고 한다'고 설명하고 있습니다. 따라서 오목 사각형을 포함하지 않는 동아《새국어사전》과 〈위키피디아〉 일본어판의 정의는 정확한 것이 아님을 알 수 있습니다. 결국, 위에 정의한 것 중에서는 일본《세계대백과사전》과 《신수학사전》이 가장 정확하다고 할 수 있습니다. 무엇보다 사각형의 정의가 이렇게 복잡한 것이었다니 정말 놀라운 일이지요.

그러면 여기서 문제를 내 보겠습니다. 그림 1-23의 도형은 네 개의 선분 AB, BC, CD, DA로 둘러싸여 있고, BC와 CD는 일직선상에 있습니다. 이 도형은 삼각형일까요, 사각형일까요?

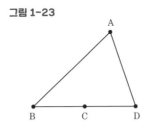

그림 1-23

동아 《새국어사전》과 〈위키피디아〉 일본어판 이외의 정의에 따르면 이 도형은 사각형에 해당합니다. 한편, 세 개의 직선으로 둘러싸인 도형을 삼각형이라고 정의한다면, 이 도형은 삼각형에 해당합니다. 이처럼 정의에 따라서 어떤 도형이 삼각형이 되기도 하고, 사각형이 되기도 한다면 난감한 일이지요.

삼각형의 내각의 합이 180°가 되지 않는 경우가 있다고요?!

유클리드 제5공준은 다른 공준보다 복잡하고, 직감적으로 명확하지 않다고 느껴질 수 있습니다. 그래서 제5공준은 전제로 인정할 필요가 없으며, 다른 네 개의 공준으로 증명할 수 있는 정리라고 생각하는 수학자들이 등장했습니다. 만약 제5공준을 다른 네 개의 공준을 사용하여 증명할 수 있다면 제5공준은 더 이상 필요 없고, 유클리드 기하학은 직감적으로 옳다고 느껴지는 네 개의 공준만 가지고도 충분합니다. 공리나 공준은 무조건 옳다고 여겨지는 사실이므로 그 수는 적으면 적을수록 좋습니다. 그러나 유클리드가 공준을 기록한 이후 약 2천 년에 걸쳐 많은 수학자들이 제5공준을 증명하려고 했지만, 모두 실패하고 말았습니다.

전 세계의 수학자들이 제5공준을 증명하는 데 실패했기 때문에 제5공준은 무조건적으로 옳다고 인정할 수밖에 없는 것일까요? 이에 대해 독일의 수학자 가우스는 '제5공준을 증명할 수 없다면, 제5공준이 성립하지 않는다고 가정해 보면 어떨까?' 하고 생각했습니다. 19세기에 가우스는 제5공준을 가정하지 않는 기하학이 존재할 가능성에 생각이 미쳤지만, 이를 세상에 공표하지는 않았습니다. 그리고 얼마쯤 세월이 흐른 후, 러시아의 수학자 로바체프스키와 헝가리의 수학자 보여이가 각각 제5공준이 성립하지 않는다고 가정하더라도 모순되지 않는 기하학을 발견했습니다.

그림 1-24

| 카를 프리디히 가우스 | 니콜라이 로바체프스키 | 야노시 보여이 |

이처럼 제5공준을 부정하는 기하학을 **비유클리드 기하학**이라고 합니다. 비유클리드 기하학은 중고등학교에서 배우는 유클리드 기하학과는 다른 것입니다. 예를 들어, 비유클리드 기하학에서는 삼각형 내각의 합이 항상 180°가 된다고 할 수 없습니다.

여러분은 세계 지도에서 두 도시 사이를 이동하는 비행기 항로가 구불구불한 곡선으로 그려져 있는 것을 본 적이 있을 겁니다. 항로를 처음 봤을 때, 비행기가 왜 직선으로 날지 않고 구부러진 항로를 따라가는지 궁금하게 생각해 본 적이 있나요?

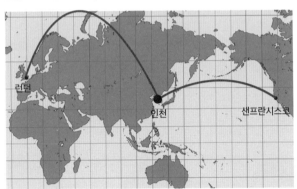

그림 1-25 인천-런던, 인천-샌프란시스코 항로

이 지도는 메르카토르 도법이라고 불리는 방법으로 그려졌는데, 적도에서 끝부분이 만나도록 원통형으로 투영한 지구본을 넓게 펴 놓은 지도입니다. 그렇기 때문에 양극에 가까워짐에 따라 거리나 면적이 실제 축적보다 크게 표시되어 있습니다. 직선이 두 점 사이를 가장 짧게 연결한 선이라고 한다면, 구면 위의 직선은 어떤 선이 될까요? 구면 위에 두 점 PQ가 있을 때, P와 Q를 최단거리로 연결하는 선은 구면의 중심을 통과하는 평면 위에 있는 점 P, Q가 포함될 때의 원호 $\overgroup{PQ}$가 됩니다. 이처럼 구면의 중심을 통과하는 평면과 구면이 만나서 만들어지는 원을 **대원**이라고 합니다.

지구를 완전한 구체라
고 가정했을 때, 비행기
가 두 도시 사이를 최단
경로로 비행하려면 두
도시를 통과하는 대원상
의 항로를 지나야 합니

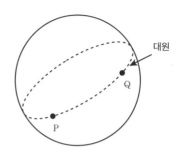

그림 1-26

대원

Q

P

다. 그리고 이 대원을 평면 지도상에 투영하면 적도상의 대원
을 제외하고는 구부러진 항로가 되지요.

구면 위의 직선은 대원이기 때문에 세 개의 직선(대원)으로
둘러싸인 삼각형은 '부풀어 있는' 형태가 되어, 내각의 합이
180°보다 커집니다. 반대로 말에 얹는 안장 모양의 곡면 위에
있는 삼각형은 '오므라진' 형태가 되므로 내각의 합이 180°보
다 작아집니다.

그 후 19세기에 독일 수학자 리만이 구부러진 공간의 기하
학(**리만 기하학**)을 발명했습니다. 그리고 20세기에 독일 출신

그림 1-27

구면 위의 삼각형

안장 위의 삼각형

물리학자 아인슈타인이 리만 기하학을 사용해 **일반상대성이론**을 제창해, 시공은 물질에 의해 구부러진 공간이라는 점을 주장했습니다. 이처럼 유클리드가 제창한 기하학은 옛날에는 세계를 기술하는 유일무이한 기하학이라고 여겨졌지만, 20세기에 들어 우주가 비유클리드 기하학 구조로 이루어져 있다는 점이 명백히 밝혀졌습니다.

그림 1-28

베른하르트 리만   알버트 아인슈타인

제5공준

매우 복잡한 유클리드의 제5공준을 간단하게 설명하기 위해 수학자들은 많은 노력을 했습니다. 그중에서도 스코틀랜드 플레이페어가 정리한 것으로 알려진 다음의 **플레이페어 공리**가 매우 유명합니다.

하나의 직선과 그 직선상에 있지 않은 하나의 점이 주어졌을 때, 그 점을 통과해 원래의 직선과 만나지 않는 직선이 단 하나 존재한다.

예를 들어, 다음 그림에서 직선 ℓ과 직선 ℓ 위에 있지 않은 점 P가 있을 때 P를 통과하고 ℓ과는 만나지 않는 직선, 즉 평행선을 단 한 개 그을 수 있다는 뜻입니다.

그림 1-29

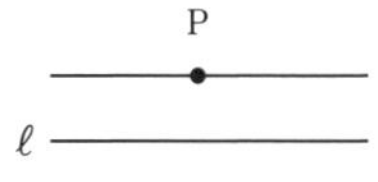

한편, 비유클리드 기하학에서는 제5공준을 가정하지 않기 때문에 플레이페어 공리는 일반적으로 성립하지 않습니다. 예를 들어, 구면 위의 직선은 대원이 되고, 두 개 이상의 대원은 반드시 교차하기 때문에 구면상에서 만나지 않는 두 직선은 존재하지 않습니다. 또한 안장 모양의 곡면상에서는

하나의 직선과 그 직선상에 존재하지 않는 점이 주어졌을 때, 그 점을 통과해 원래의 직선과 만나지 않는 직선은 무수히 많이 존재합니다.

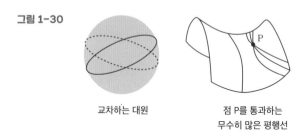

교차하는 대원

점 P를 통과하는
무수히 많은 평행선

제5공준을 바꾸어 말하는 방법은 위에서 말한 것 외에도 많은데, 다음의 내용은 제5공준과 같은 의미임이 밝혀졌습니다.

· 삼각형 내각의 합은 $180°$이다.

· 모든 삼각형에는 외접원을 그릴 수 있다.

· 삼각형의 넓이에는 상한값이 없다.

· 사각형의 세 개의 각이 직각일 경우, 남은 한 개의 각도 직각이다.

· 직각 삼각형에서 빗변의 제곱은 다른 두 변의 제곱의 합과 같다. (피타고라스의 정리)

'삼각형 내각의 합은 $180°$이다'라는 사실은 유클리드 제5공준과 같은 의미였던 것입니다.

2장

피타고라스의 정리에
대해 살펴봅시다

앞 장에서는 정의와 공리를 사용해 증명된 사실을 정리라고 불렀습니다. 수학에서 가장 잘 알려진 정리 중 하나가 바로 **피타고라스의 정리**입니다. 이 정리에 따르면 다음의 그림에서처럼 직각 삼각형에서 빗변의 길이를 c, 다른 두 변의 길이를 a, b 라고 했을 때,

그림 2-1

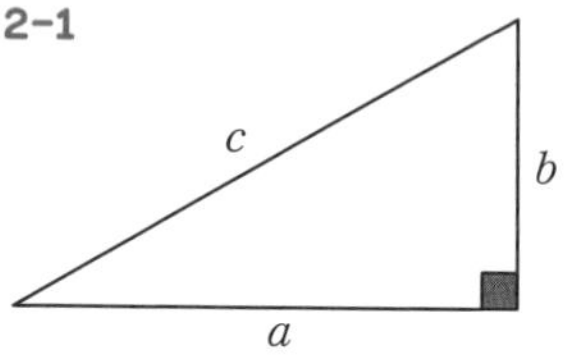

$$c^2 = a^2 + b^2$$

의 관계가 성립합니다.

피타고라스의 정리가

어떻게 발견되었는지에 대해서는 잘 알려져 있지 않습니다. 일설에 따르면 고대 그리스의 철학자이자 수학자였던 피타고라스가 이집트를 방문했을 때, 사원에 있는 돌계단의 무늬를 보고 이 정리를 발견했다고 합니다. 돌계단은 그림 2-2에서와 같이 납작한 포석 모양으로 배열되었는데, 직각 이등변 삼각형의 빗변 위에 있는 정사각형은 네 장의 삼각형 모양 포석으로 구성되어 있습니다. 따라서 빗변 위에 있는 정사각형의 넓이는 다른 두 변 위에 있는 정사각형의 넓이의 합이 되므로, 빗변 길이의 제곱이 다른 두 변 길이의 제곱의 합과 같다는 것을 알 수 있습니다.

그림 2-2

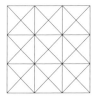

포석의 모양

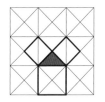

포석 안에서 발견할 수 있는
피타고라스의 정리

한편 세 변의 길이의 비가 $3:4:5$인 삼각형은 직각 삼각형이 된다는 사실은 피타고라스 시대보다 훨씬 이전부터 널리 알려져 있었다는 증거도 발견되었지만 누가, 언제 이 정리를 최초로 발견했는지는 여전히 수수께끼로 남아 있습니다.

피타고라스의 정리를 증명해 봅시다

피타고라스의 정리에는 수백 가지의 다른 증명이 있습니다. 그중에서도 잘 알려져 있는 몇 가지를 소개하겠습니다.

(증명 1) 빗변의 길이가 c이고, 두 변의 길이가 a, b인 직각 삼각형 네 개를 그림 2–3과 같이 배치해 봅시다. 이때 한 변의 길이가 $a + b$인 정사각형의 안쪽에 만들어진 사각형은, 한 변의 길이가 c인 정사각형이 됩니다. (그 이유에 대해서는 한번 생각해 보기 바랍니다.) 안쪽에 있는 정사각형의 넓이 c^2은 바깥쪽 정사각형의 넓이 $(a + b)^2$에서 네 개의 직각 삼각형의 넓이 $\frac{1}{2}ab \times 4$를 뺀 것과 같기 때문에, 이것을 계산하면 $c^2 = a^2 + b^2$을 구할 수 있습니다.

그림 2-3

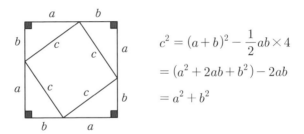

$$c^2 = (a+b)^2 - \frac{1}{2}ab \times 4$$
$$= (a^2 + 2ab + b^2) - 2ab$$
$$= a^2 + b^2$$

(증명 2) 증명 1에서 사용한 네 개의 직각 삼각형을 그림 2-4
와 같이 배치하면 한 변의 길이가 c인 정사각형 안쪽에 있는 네
개의 직각 삼각형과, 한 변의 길이가 $a-b$인 정사각형이 만들
어집니다. 바깥쪽 정사각형의 넓이 c^2은 안쪽 정사각형의 넓이
$(a-b)^2$과 네 개의 직각 삼각형의 넓이 $\frac{1}{2}ab \times 4$의 합과 같으
므로, 이를 계산하면 $c^2 = a^2 + b^2$을 구할 수 있습니다.

그림 2-4

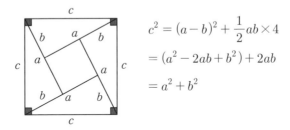

$$c^2 = (a-b)^2 + \frac{1}{2}ab \times 4$$
$$= (a^2 - 2ab + b^2) + 2ab$$
$$= a^2 + b^2$$

(증명 3) 이것은 피타고라스의 증명이라고 불리는 것입니
다. 증명 1에서 사용한 정사각형(그림 2-5 왼쪽)의 직각 삼각
형 네 개의 배치를 그림 2-5의 오른쪽 그림처럼 변경해 봅시
다. 이때, 왼쪽과 오른쪽 정사각형의 크기가 서로 같으므로

각각의 정사각형에서 네 개의 직각 삼각형을 제외한 나머지 넓이는 서로 같아지며, $c^2 = a^2 + b^2$ 이 됩니다.

그림 2-5

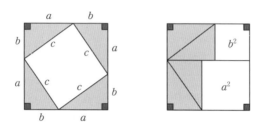

(**증명 4**) 마지막으로 유클리드의 증명에 대해 소개해 보겠습니다. 먼저 그림 2-6의 (1)처럼 직각 삼각형의 세 변 위에 정사각형을 그린 다음, 점 C에서 대변으로 수직인 선분을 긋습니다. (2)

그림 2-6

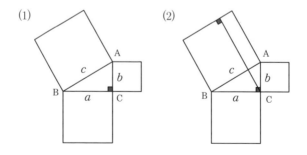

다음으로 (3), (4)의 두 삼각형은 밑변과 높이가 같기 때문에 넓이가 같습니다.

그림 2-7

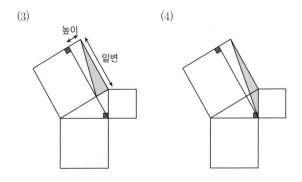

(3)

높이

밑변

(4)

마찬가지로 (5), (6)의 두 삼각형도 밑변과 높이가 같으므로
넓이가 같습니다.

그림 2-8

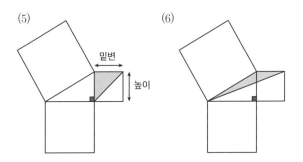

(5)

밑변

높이

(6)

여기에서 (4)와 (6) 두 개의 삼각형은 두 변의 끼인각(두 변
사이에 끼워진 각)이 서로 같기 때문에 합동이라고 할 수 있으
며, 두 삼각형의 넓이는 서로 같다는 것을 알 수 있습니다.

그림 2-9

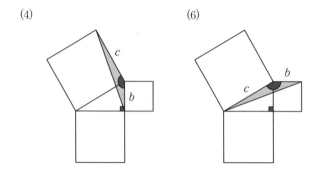

(4)   (6)

이를 통해 (3), (5) 두 개의 삼각형의 넓이가 서로 같고, 이를 두 배로 만든 (7), (8) 두 개의 사각형의 넓이도 서로 같습니다.

그림 2-10

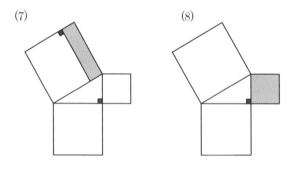

(7)   (8)

마찬가지로 (9)의 삼각형 두 개는 (10)의 합동인 삼각형 두 개와 넓이가 각각 같습니다.

그림 2-11

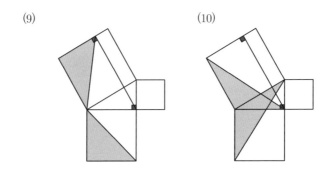

(9) (10)

그 결과, (9)의 삼각형 두 개의 넓이를 각각 두 배로 만든 (11) 과 (12)의 사각형의 넓이가 서로 같다는 것을 알 수 있습니다.

그림 2-12

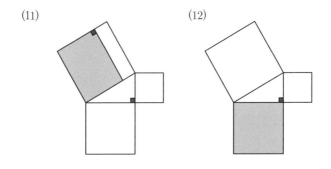

(11) (12)

(7)과 (11)의 직사각형을 합쳐 보면 빗변 위의 정사각형이 되기 때문에, 직각 삼각형의 빗변 위에 그려진 정사각형의 넓이는 남은 두 변 위에 그려진 두 개의 정사각형 (8)과 (12) 의 넓이의 합과 서로 같다는 것을 알 수 있습니다. 따라서 $c^2 = a^2 + b^2$ 임이 증명되었습니다.

닮음비와 넓이비

유클리드의 증명에서는 다음의 그림과 같이 직각 삼각형의 빗변 위에 그려진 정사각형의 넓이가 남은 두 변 위에 그려진 정사각형의 넓이의 합과 같다는 점이 설명되어 있습니다. 이번 장 앞부분에서 소개한 포석 모양의 사례는 직각 이등변 삼각형 각 변의 윗부분에 정사각형을 그린 경우에 해당합니다.

그림 2-13

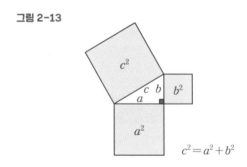

$$c^2 = a^2 + b^2$$

여기에서 직각 삼각형의 세 변 위에 그린 정사각형을 정삼각형으로 바꿔 봅시다. 이때, 정삼각형 세 개의 넓이 사이에도 정사각형의 경우와 같은 등식이 성립할까요?

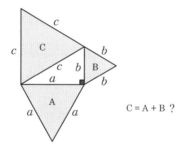

그림 2-14

$C = A + B$?

그럼 계산을 해 보겠습니다. 먼저 정삼각형의 꼭짓점 중 하나에서 대변을 향해 수직선을 그으면 세 변의 비가 $1 : 2 : \sqrt{3}$ 인 직각 삼각형 두 개로 나눠집니다.

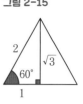

그림 2-15

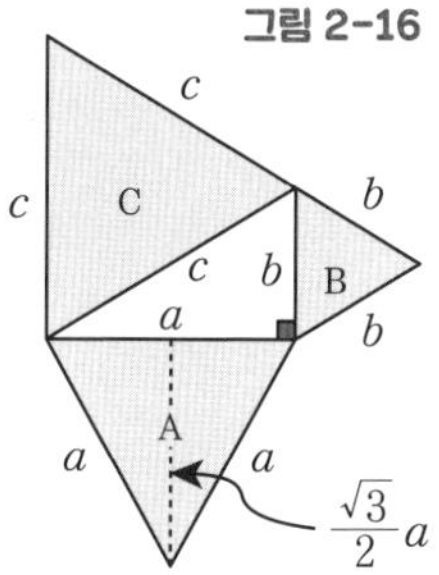

여기에서 한 변의 길이가 a인 정삼각형 A의 높이는 $\dfrac{\sqrt{3}}{2}a$가 되며, 그 넓이는 (밑변) $\times$ (높이) $\div$ 2에 따라,

그림 2-16

$$a \times \frac{\sqrt{3}}{2} a \times \frac{1}{2} = \frac{\sqrt{3}}{4} a^2$$

정삼각형 B, C의 넓이도 같은 방법으로 계산하면 각각 $\dfrac{\sqrt{3}}{4}b^2$, $\dfrac{\sqrt{3}}{4}c^2$ 이 됩니다. A+B를 계산하면

$$A + B = \frac{\sqrt{3}}{4} a^2 + \frac{\sqrt{3}}{4} b^2 = \frac{\sqrt{3}}{4} (a^2 + b^2)$$

여기에서 피타고라스의 정리에 따라 $a^2 + b^2 = c^2$이므로,

$$A+B = \frac{\sqrt{3}}{4}(a^2+b^2) = \frac{\sqrt{3}}{4}c^2 = C$$

따라서 A + B = C의 관계가 성립하는 것을 알 수 있습니다.

그렇다면 정오각형의 경우에는 어떻게 될까요?

이 경우에는 A, B, C를 5분할해서 얻을 수 있는 삼각형의 넓이를 각각 X, Y, Z라고 하면

$$A = 5X,\ B = 5Y,\ C = 5Z$$

그림 2-17

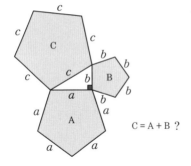

C = A + B ?

이때, 세 변 위에 그린 삼각형의 넓이 간에 등식 X + Y = Z 가 성립한다면

$$5X + 5Y = 5Z$$
$$\therefore\ A + B = C$$

그림 2-18

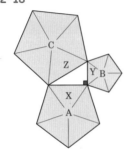

그림 2-18에서 세 변 위에 그린 세 개의 삼각형은 **닮음** 관계에 있습니다. 직각 삼각형의 세 변 위에 닮음 관계인 삼각형 세 개를 그릴 경우, 각 삼각형의 넓이에는 어떤 관계가

성립하는지 생각해 봅시다.

중학교 2학년 수학 과정에서는 닮음비와 넓이비에 대해 배웁니다. 예를 들어, 닮음비가 1 : 2인 두 삼각형에서 큰 삼각형을 작은 삼각형 네 개로 나눌 수 있으며, 면적비는 1 : 4가 됩니다.

그림 2-19

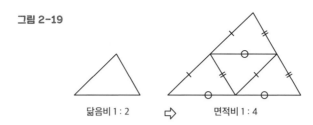

닮음비 1 : 2   ⇨   면적비 1 : 4

일반적으로 닮음비가 $a : b$인 두 삼각형에서 각 변의 길이 및 높이의 비가 $a : b$가 되기 때문에, 밑변이 ax, 높이가 ay인 삼각형의 넓이는 $S_1 = \dfrac{1}{2}a^2xy$, 밑변이 bx이고 높이가 by인 삼각형의 넓이는 $S_2 = \dfrac{1}{2}b^2xy$가 되어 넓이비는 $S_1 : S_2 = a^2 : b^2$이 됩니다.

그림 2-20

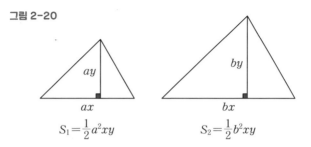

$$S_1 = \frac{1}{2}a^2xy \qquad S_2 = \frac{1}{2}b^2xy$$

앞서 살펴본 정오각형의 경우처럼 다각형은 일반적으로 삼각형으로 분할할 수 있으므로, 다각형의 닮음비가 $a:b$일 때 그 넓이비는 $a^2:b^2$이 되는 것을 알 수 있습니다.

그림 2-21

닮음비 $a:b$
넓이비 $a^2:b^2$

그림 2-22

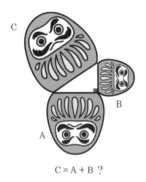

C = A + B ?

따라서 직각 삼각형의 세 변 위에 닮음 관계인 어떤 다각형을 그린다 하더라도 삼각형 세 변의 길이의 비가 $a:b:c$라면, 각각의 변 위에 그린 다각형의 넓이비는 $a^2:b^2:c^2$이 됩니다. 여기에서 $c^2=a^2+b^2$의 관계가 성립하면 빗변 위에 그려진 도형의 넓이는 다른 두 변 위에 그려진 도형 넓이의 합이 됩니다. 그렇다면 직각 삼각형의 세 변 위에 다음과 같이 닮음인 도형을 그린다면 어떻게 될까요?

앞의 경우처럼 다각형이 아닌 도형의 넓이는 어떻게 계산하면 좋을까요? 예를 들어 토지의 면적을 측량할 때, 토지를 여

러 개의 삼각형으로 나눈 다음 삼
각형 넓이의 합을 계산하여 면적을
대략 계산하는 방법이 있습니다.
곡선으로 둘러싸인 경계 부분을 작
은 삼각형으로 계산하면 근사한 값
을 얻을 수 있습니다. 곡선으로 둘

그림 2-23

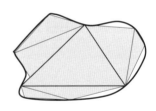

토지를 삼각형으로
분할해서 계산한다.

러싸인 도형을 작은 삼각형으로 나누면, 구하고자 하는 도형
의 넓이에 더욱 근사한 값을 계산할 수 있습니다.

그렇기 때문에 다각형과 마찬가지로 분할한 삼각형의 닮음
비가 $a : b$일 때, 그 넓이비는 $a^2 : b^2$인 것입니다.

이처럼 직각 삼각형의 세 변에 어떤 닮은꼴 도형을 그리더
라도 빗변 위에 그린 도형의 면적은 다른 두 변 위에 그린 두
도형의 면적의 합과 같아집니다.

그림 2-24

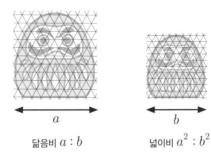

닮음비 $a : b$ 넓이비 $a^2 : b^2$

직각 삼각형이 아닌 경우에는 어떻게 될까요?

피타고라스의 정리는 직각 삼각형의 빗변 c와 다른 두 변 a, b 사이에 $a^2 + b^2 = c^2$ 이라는 관계가 성립한다는 것이었습니다. 여기에서 빗변 c의 대각이 90°보다 작은 예각이거나 90°보다 큰 둔각일 때는 어떤 관계식이 성립하는지 살펴볼까요?

그림 2-25

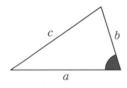
빗변의 대각이 예각인 경우

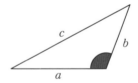
빗변의 대각이 둔각인 경우

먼저 빗변의 대각 C가 60°인 경우를 생각해 봅시다.

그림 2-26의 오른쪽 그림처럼 점 A에서 변 BC에 수직으로 선을 그어 만난 것을 점 D라고 하면, AD의 길이는 $\dfrac{\sqrt{3}}{2}b$, DC의 길이는 $\dfrac{1}{2}b$가 되는 것을 알 수 있습니다.

그림 2-26

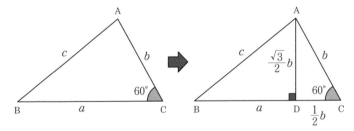

직각 삼각형 ABD는 피타고라스의 정리에 따라

$$c^2 = \left(a - \frac{1}{2}b\right)^2 + \left(\frac{\sqrt{3}}{2}b\right)^2$$

우변을 전개하면

$$\left(a - \frac{1}{2}b\right)^2 + \left(\frac{\sqrt{3}}{2}b\right)^2$$
$$= a^2 - ab + \frac{1}{4}b^2 + \frac{3}{4}b^2$$
$$= a^2 + b^2 - ab$$

따라서,

$$c^2 = a^2 + b^2 - ab$$

빗변의 대각이 $90°$에서 $60°$로 바뀌자, $c^2 = a^2 + b^2$이 $c^2 = a^2 + b^2 - ab$가 되었습니다.

다음으로는 빗변의 대각 C가 $120°$인 경우를 생각해 봅시다. 그림 2-27의 오른쪽과 같은 직각 삼각형 ABD를 살펴보겠습니다.

그림 2-27

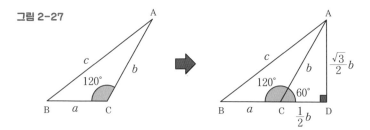

피타고라스의 정리에 따라

$$c^2 = \left(a + \frac{1}{2}b\right)^2 + \left(\frac{\sqrt{3}}{2}b\right)^2$$

우변을 전개하면

$$\left(a + \frac{1}{2}b\right)^2 + \left(\frac{\sqrt{3}}{2}b\right)^2$$
$$= a^2 + ab + \frac{1}{4}b^2 + \frac{3}{4}b^2$$
$$= a^2 + b^2 + ab$$

따라서,

$$c^2 = a^2 + b^2 + ab$$

빗변의 대각이 $90°$에서 $120°$로 바뀌자, $c^2 = a^2 + b^2$이 $c^2 = a^2 + b^2 + ab$가 되었습니다. 이를 통해 다음과 같은 관계가 성립하는 것을 알 수 있습니다.

$c^2 = a^2 + b^2$ (직각 삼각형인 경우)

$c^2 = a^2 + b^2 - \square$ (예각 삼각형인 경우)

$c^2 = a^2 + b^2 + \square$ (둔각 삼각형인 경우)

여기에서 □ 안에는 a, b를 포함하는 문자식이 들어갑니다. 그 이유를 한 번 생각해 볼까요? 빗변 c의 길이가 일정한 경우, 그 대각이 예각이 될수록 $a+b$가 직각 삼각형인 경우보다 길어지기 때문에 c^2과 동일한 값을 갖기 위해서는 $a^2 + b^2$에서 일정한 값을 빼야 합니다. 반대로 대각이 둔각이 될수록 $a+b$는 직각 삼각형보다 짧아지기 때문에 c^2과 같은 값을 취하기 위해서는 $a^2 + b^2$에 일정한 값을 더할 필요가 있습니다.

그림 2-28

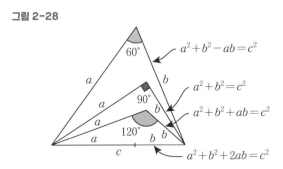

특히 $c^2 = a^2 + b^2 + 2ab$인 경우, $c^2 = (a+b)^2$이므로 $c = a + b$가 성립합니다.

피타고라스 수와 도형수

$a^2 + b^2 = c^2$이라는 식에서 a, b, c가 모두 자연수인 조합 (a, b, c)를 **피타고라스 수**라고 합니다. 예를 들어 (3, 4, 5), (5, 12, 13), (8, 15, 17) 같은 조합이 피타고라스 수입니다. 피타고라스 수를 도형적으로 해석해 볼까요? 예를 들어 $3^2 + 4^2 + 5^2$인 경우, 이번 장 맨 앞부분에서 살펴본 것처럼 한 변의 길이가 3인 정사각형의 면적과 한 변의 길이가 4인 정사각형의 넓이를 더하면, 한 변의 길이가 5인 정사각형의 넓이와 같아집니다. 이 관계는 그림 2-29를 통해 설명할 수 있습니다.

그림 2-29

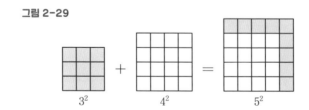

16개의 블록을 정사각형으로 배치하면 가로세로에 각각 4개의 블록을 놓을 수 있습니다. 9개의 블록을 사용해 이 정사각형의 가로세로에 배치된 블록 수를 하나씩 늘리면, 가로세로에 각각 5개의 블록(합계 25개)으로 구성된 정사각형을 만들 수 있습니다. (8, 15, 17)인 경우에는 가로세로 각각 15개의 블록으로 구성된 정사각형에 64(=8^2)개의 블록을 사용해 가로세로의 블록 수를 두 개씩 증가시키면, 가로세로가 각각 17개의 블록으로 구성된 정사각형을 만들 수 있습니다.

위에서 살펴본 것과 같은 피타고라스 수는 과연 몇 개나 될까요? (a, b, c)가 피타고라스 수일 때, 각각의 수를 k배(k는 자연수)한 (ka, kb, kc)를 살펴보면,

$$(ka)^2 + (ka)^2 = k^2(a^2 + b^2) = k^2 c^2 = (kc)^2$$

에 따라 (ka, kb, kc)도 피타고라스 수가 됩니다. k에는 모든 자연수를 넣을 수 있기 때문에, 피타고라스 수는 무한히 존재할 수 있습니다. 특히 세 수의 최대 공약수가 1인 피타고라스 수를 **원시 피타고라스 수**라고 합니다. 원시 피타고라스 수는 다음과 같이 계산할 수 있습니다.

m, n을 자연수($m > n$)라고 하면

$$(m^2 - n^2)^2 + (2mn)^2$$

$$= m^4 - 2m^2n^2 + n^4 + 4m^2n^2$$
$$= m^4 + 2m^2n^2 + n^4$$
$$= (m^2 + n^2)^2$$

여기에서,

$$a = m^2 - n^2, \ b = 2mn, \ c = m^2 + n^2$$

이라고 하면 $3^2 + 4^2 + 5^2$에 따라, (a, b, c)는 피타고라스 수임을 알 수 있습니다. 이 중에서 m, n이 모두 짝수일 경우 혹은 모두 홀수일 경우 a, b, c는 모두 짝수가 되고 최대공약수는 1이 되지 않으므로 m, n 중에서 하나는 짝수, 다른 하나는 홀수가 됩니다. 이때, m과 n의 최대공약수가 1(서로소)일 경우 a, b, c는 원시 피타고라스 수가 됩니다. 실제로 모든 원시 피타고라스 수는 서로소인 자연수 m, n($m > n$, m과 n의 홀짝이 다름)을 사용해 위의 식으로 표현할 수 있습니다.

고대 그리스의 피타고라스는 '피타고라스학파'라고 불리는 종교적인 학문 집단을 창설했습니다. 이 학파에서는 '만물의 원리는 수'라는 사상하에, 우주의 모든 것은 수의 법칙에 따른다고 생각했습니다. 그중에서도 도형을 자연수와 연결하여 **도형수**라는 것을 고안해 냈습니다. 예를 들어, 1부터 n까지 자연수의 합을 **삼각수**라고 부릅니다. 그렇게 부르는 이유는

그림 2-30을 보면 명확히 이해할 수 있습니다.

$1 + 2 + \cdots + n$(n은 자연수)을 계산하기 위해서는 이 삼각수 두 개를 합쳐서 $n(n+1)$이라 하고, 그 2분의 1을 계산하면 답을 구할 수 있습니다.

그림 2-30

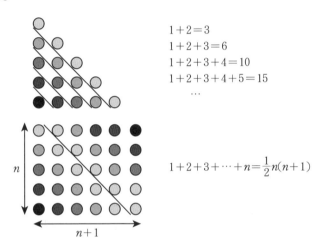

$1+2=3$
$1+2+3=6$
$1+2+3+4=10$
$1+2+3+4+5=15$
$\cdots$

$1+2+3+\cdots+n=\frac{1}{2}n(n+1)$

또한 1부터 $2n-1$까지의 홀수의 합을 **사각수**라고 합니다. 사각수는 반드시 **제곱수**(특정 자연수를 제곱한 값)가 됩니다. 그 이유는 다음과 같습니다.

그림 2-31

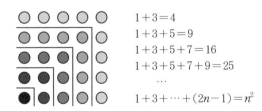

$1+3=4$
$1+3+5=9$
$1+3+5+7=16$
$1+3+5+7+9=25$
$\cdots$
$1+3+\cdots+(2n-1)=n^2$

사각수가 제곱수가 된다는 성질을 사용하면, 피타고라스 수를 구할 수 있습니다. 예를 들어, $9 = 3^2$은 제곱수입니다. 따라서 9보다 작은 홀수의 합인 사각수

$$1 + 3 + 5 + 7 = 16 = 4^2$$

이라고 하면,

$$1 + 3 + 5 + 7 + 9 = 4^2 + 3^2 = 5^2$$

이므로, $3^2 + 4^2 = 5^2$이 됨을 알 수 있습니다. 마찬가지로 $25 = 5^2$이므로, 사각수

$$1 + 3 + \cdots + 23 = 12^2$$

의 양변에 $25 = 5^2$을 더해서,

$$1 + 3 + \cdots + 23 + 25 = 12^2 + 5^2 = 13^2$$

이므로, $5^2 + 12^2 = 13^2$임을 알 수 있습니다.

입체적으로 생각해 봅시다

피타고라스의 정리는 예전에 '삼평방의 정리'라고도 불렸는데, 이는 평면 도형인 직각 삼각형의 세 변 사이에 성립하는 관계식이었습니다. 중학교 1학년 수학 시간에는 공간 도형인 다양한 입체에 대해 배웁니다. 그러면 피타고라스의 정리를 공간 도형으로 확장시켜 볼까요?

먼저 가로, 세로, 높이의 길이가 a, b, c 인 직육면체의 대각선 길이 d를 계산해 봅시다.

그림 2-32

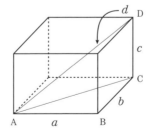

직각 삼각형 △ABC는 피타고라스의 정리에 따라

$$AC^2 = AB^2 + BC^2 \cdots (1)$$

다음으로 직각 삼각형 △ACD는 피타고라스의 정리에 따라

$$AD^2 = AC^2 + CD^2 \cdots (2)$$

식 (1)을 식 (2)에 대입하면

$$AD^2 = AB^2 + BC^2 + CD^2$$

따라서,

$$d^2 = a^2 + b^2 + c^2$$

직육면체의 대각선 길이의 제곱
이 세 변의 길이를 각각 제곱한 값
의 합으로 나타났습니다.

한 가지 더, 이번에는 넓이와 관
련해 살펴볼까요? 삼각뿔 ABCD
에서 점 D에 모이는 세 개의 각이
모두 직각인 직각 삼각뿔을 생각
해 봅시다.

그림 2-33

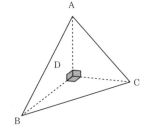

여기에서 네 개의 삼각형

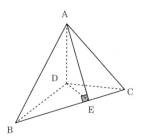

그림 2-34

△ABD, △BCD, △CAD,

△ABC의 넓이를 각각 a, b, c,

d 라고 합시다.

점 A에서 변 BC로 그은 수

선의 발을 E라고 하면,

△ABC의 넓이 d는

$$d = \frac{1}{2} \, (\mathrm{AE} \times \mathrm{BC})$$

따라서,

$$d^2 = \frac{1}{4} \, (\mathrm{AE}^2 \times \mathrm{BC}^2)$$

직각 삼각형 △AED에서 $\mathrm{AE}^2 = \mathrm{AD}^2 + \mathrm{DE}^2$이므로, 위의 식
에 대입하면

$$\begin{aligned} d^2 &= \frac{1}{4} \, ((\mathrm{AD}^2 + \mathrm{DE}^2) \times \mathrm{BC}^2) \\ &= \frac{1}{4} \, \mathrm{AD}^2 \, \mathrm{BC}^2 + \frac{1}{4} \, \mathrm{DE}^2 \, \mathrm{BC}^2 \end{aligned}$$

직각 삼각형 △BCD에서 $\mathrm{BC}^2 = \mathrm{BD}^2 + \mathrm{DC}^2$ 이므로, 위의 식
에 대입하면

$$d^2 = \frac{1}{4} \, \text{AD}^2 \, (\text{BD}^2 + \text{DC}^2) + \frac{1}{4} \, \text{DE}^2 \, \text{BC}^2$$

$$= \frac{1}{4} \, \text{AD}^2 \, \text{BD}^2 + \frac{1}{4} \, \text{AD}^2 \, \text{DC}^2 + \frac{1}{4} \, \text{DE}^2 \, \text{BC}^2$$

$$= a^2 + b^2 + c^2$$

빗면(△ABC)의 넓이가 세 개 면의 넓이의 합과 같아졌습니다. 이처럼 직각 삼각형의 세 변 사이에 성립하는 피타고라스의 정리는 공간 도형에서는 직육면체의 세 변의 길이와 대각선 사이의 관계식이나, 직각 삼각뿔의 네 개의 면 사이의 관계식으로 확장할 수 있습니다. 후자의 방정식의 경우 직각 삼각뿔의 **네 제곱수 정리**라고 부르기도 합니다.

페르마의 정리

    피타고라스 수는 식 $a^2 + b^2 = c^2$을 충족시키는 자연수의 조합(a,b,c)였습니다. 그렇다면 식 $a^3 + b^3 = c^3$을 충족시키는 자연수의 조합(a,b,c)는 과연 존재할까요?

    예를 들어 $a = 6$, $b = 8$의 경우,

$$6^3 + 8^3 = 216 + 512 = 728$$

이므로, $9^3 = 729$보다 1이 작습니다.

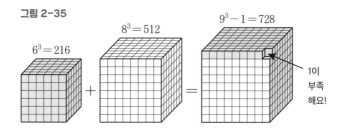

그림 2-35

$6^3 = 216$

$8^3 = 512$

$9^3 - 1 = 728$

1이
부족
해요!

    실제로는 n이 3 이상인 자연수일 때,

$$a^n + b^n = c^n$$

을 충족하는 자연수의 조합 (a,b,c)는 존재하지 않는다고 알려져 있습니다.

17세기 프랑스 수학자 페르마는 고대 그리스 수학자 디오판토스의 저서 《산술》의 여백에 다음과 같은 글을 남겼습니다.

"나는 이 정리에 관해 정말 놀라울 만한 증명을 발견했지만, 그 증명을 다 적기에는 여백이 너무 좁다."

이것은 '**페르마의 정리**'라고 불리며, 그 후 20세기 후반까지 많은 연구가 이루어졌지만 증명이나 반증을 할 수 없었습니다. 이 정리가 마지막으로 해결된 것은 1994년인데, 영국의 수학자 앤드류 와일즈가 약 8년에 걸쳐 페르마의 정리를 증명하는 논문을 발표했습니다. 이 논문은 100페이지가 넘는 정리의 증명으로 구성되어 있어서 이듬해가 되어서야 문제가 없다는 사실이 확인되었습니다. 이로써 360년을 거쳐 페르마의 정리가 최종적으로 해결되었습니다. 이 증명은 최신 수학을 활용한 복잡한 것이었기 때문에, 페르마 자신은 이 정리를 증명하지 않았으리라고 추측됩니다. 와일즈는 10세 때 페르마의 정리를 접하게 된 것이 계기가 되어 수학자가 되었습니다. 그는 증명이 완성된 순간에 대해 "말로 다 표현할 수 없는 아름다운 순간이었다."라고 말했습니다.

그림 2-36

피에르 페르마   앤드류 와일즈
(c) C. J. Mozzochi, Princeton N.J

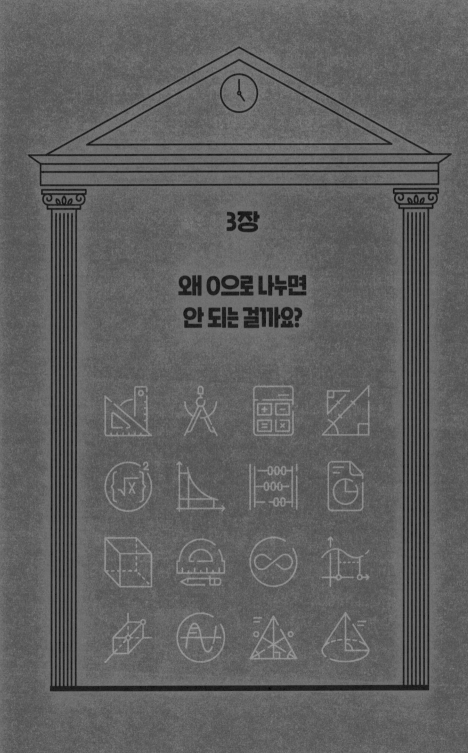

3장

왜 0으로 나누면
안 되는 걸까요?

우리가 일상에서 사용하는 숫자 0, 1, 2, 3, 4, 5, 6, 7, 8, 9 는 아라비아 숫자입니다. 중국에서는 아라비아 숫자 외에도 一(일), 二(이). 三(삼), … 등의 한자를 사용하여 숫자를 표현하기도 합니다. 아라비아 숫자와 한자로 표기한 숫자의 가장 큰 차이는 무엇일까요? 아라비아 숫자의 경우 0에서 9까지 10개의 숫자를 사용해 모든 수를 표현할 수 있습니다. 이에 비해, 한자로 표기하는 숫자에는 0에 대응하는 기호가 없습니다. 따라서 자릿수가 증가함에 따라 十(십), 百(백), 千(천), 万(만)처럼 새로운 숫자를 사용해야 합니다.

예를 들어,123,456,789라는 아홉 자리의 수를 표현하기 위해 一億二千三百四十五万六千七百八十九(일억 이천삼백사십오만 육천칠백팔십구)라고 써야 합니다. 그렇기 때문에 큰 값을 표시하기가 쉽지 않습니다.

로마 숫자 I, II, III, IV, V, …에도 0을 표현하는 기호가 없습니다. 미국의 1달러 지폐에는 MDCCLXXVI라는 암호 같은 기호가 인쇄되어 있습니다. 이것은 로마 숫자인데 M = 1000, D = 500, C = 100, L = 50, X = 10, V = 5, I = 1을 나타냅니다. 따라서 지폐의 기호를 풀어 보면 다음과 같습니다.

$$MDCCLXXVI = 1000 + 500 + 100 + 100 + 50 + 10 + 10$$
$$+ 5 + 1 = 1776$$

이것은 미합중국이 독립을 선언한 1776년을 나타냅니다.

아라비아 숫자를 사용해서 수를 표현할 때, 123에서 백의 단위는 1, 십의 단위는 2, 일의 단위는 3입니다. 만약 숫자 0이 없다면 어떻게 될까요?

예를 들어, 102와 120은 '1 2'와 '12 '로 표현되므로 구별하기가 어려워집니다. 그래서 기원전 고대 바빌로니아에서는 특정 위치에 아무 숫자도 없을 경우에는 그곳에 쐐기 형태의 문자를 삽입해 구별했습니다. 기호로 사용되는 0의 기원은 이처럼 비어 있는 위치를 나타내기 위한 표시였던 겁니다. 0이 처음 수로 사용된 것은 7세기 인도에서였고, 0과 정수의 사칙연산이 처음으로 도입되었습니다. 유럽에서 0이 수로 받아들여지기까지는 시간이 더 필요했습니다. 수학은 기원전 3세기경에 살았던 유클리드로 거슬러 올라갈 정도로 역사가 긴 학문이었는데, 꽤 오랫동안 0을 숫자로 받아들이지 않았던 것입니다.

0을 사용한 계산

초등학교 1학년 수학 시간에는 처음으로 수의 개념을 배웁니다. 먼저 우리 주변에 있는 것의 개수를 세는 수단으로 1부터 시작하는 자연수에 대해 배운 다음, 0을 사용한 덧셈이나 뺄셈을 배우지요. 예를 들어 한 박스에 다섯 개가 들어 있는 초콜릿을 다 먹어 버려서 한 박스를 새로 사 왔을 경우, 초콜릿은 총 몇 개가 될지 생각해 보면 0개 + 5개 = 5개, 새로 산 초콜릿을 하나도 먹지 않았을 때 초콜릿이 몇 개 남아 있는지 계산해 보면 5개 − 0개 = 5개입니다.

다시 말해, 0이라는 수는 '아무것도 없는' 상태를 나타냅니다. 그러므로 0을 더한다는 것은 '아무것도 더하지 않는' 것과 같고, 0을 뺀다는 것은 '아무것도 빼지 않는' 것과 같기 때문에 식의 값은 변하지 않습니다.

그렇다면 0을 사용한 곱셈의 경우에는 어떻게 이해하면 좋을까요? 곱셈은 초등학교 2학년 수학 시간에 배웁니다. 이때

0을 곱하는 곱셈은 실생활과 관련지어 간단하게 다루게 됩니다. 예를 들어, 5×0의 값을 계산하기 위해 구구단 5단의 계산에서

$$5 \times 3 = 15$$
$$5 \times 2 = 10$$
$$5 \times 1 = 5$$

처럼 5씩 감소하기 때문에,

$$5 \times 0 = 0$$

이 되며 또한

$$0 \times 2 = 0 + 0 = 0$$

이기 때문에,

어떤 수에 0을 곱하든 결과는 0이 된다

0에 어떤 수를 곱하든 결과는 0이 된다

라고 배웁니다. 이렇게 곱셈 규칙을 보면 얼핏 이해가 되는 것 같습니다. 하지만 0×2는 '아무것도 없는' 것을 두 개 합해서 '아무것도 없는' 상태가 된다는 것은 이해되지만, 5×0의 경우에는 5에 '아무것도 없는' 것을 곱한 것입니다. 그렇다

면 '아무것도 없는' 것을 곱한다는 것은 어떻게 이해하면 좋을까요? 덧셈이나 뺄셈을 할 때와 마찬가지로 0을 곱하는 것을 '아무것도 곱하지 않는다'고 생각하면, 식의 값은 변하지 않는다는 결론에 이르게 됩니다.

앞서 살펴본 초콜릿의 예를 들어 생각해 봅시다. 텅 빈 초콜릿 박스가 두 개 있다면 초콜릿의 개수는 0개×2박스 = 0개가 됩니다. 다시 말해, 0에 어떤 수를 곱해도 값은 0이 됨을 알 수 있습니다.

한편 다섯 개 들이 초콜릿 상자가 하나도 없을 경우, 초콜릿의 개수는 5개×0박스 = 0개입니다. 다시 말해 어떤 수에 0을 곱해도 값은 0이 되는 것이지요. 0을 더하는 것은 '아무것도 더하지 않는' 것을 의미했지만, 0을 곱하는 것은 '하나도 없다'는 뜻인 것입니다.

덧셈, 뺄셈, 곱셈까지 배우면 그다음에 나눗셈을 배우게 됩니다. 초등학생들이 수학을 어려워하는 이유가 분수와 나눗셈 때문이라고 합니다. 그런데 분수와 나눗셈은 떼려야 뗄 수 없는 관계에 있지요. 몇 년 전 일본에서는 '분수 계산을 못하는 대학생'이 사회적인 이슈로 떠오르기도 했습니다. 그럼 지금부터 분수 계산에 대해 복습해 봅시다. a, b, c, d 가 자연수일 때, 다음의 분수 계산 법칙 중 올바른 것을 모두 골라 보세요.

$$\frac{a}{b}+\frac{c}{d}=\frac{a+c}{b+d} \qquad\qquad \frac{a}{b}-\frac{c}{d}=\frac{a-c}{b-d}$$

$$\frac{a}{b}\times\frac{c}{d}=\frac{a\times c}{b\times d} \qquad\qquad \frac{a}{b}\div\frac{c}{d}=\frac{a\div c}{b\div d}$$

먼저 덧셈과 뺄셈의 경우 분자끼리 또는 분모끼리 더하거나 빼서는 안 됩니다. 하지만 이 내용을 처음 배웠을 때 이해하기 어려워하는 초등학생들이 많습니다. 위에 있는 분수의 덧셈이 틀렸다는 것을 초등학생에게 어떻게 설명해 주면 좋을까요? 예를 들어 피자를 반으로 자르면 자른 피자는 원래 피자의 절반, 다시 말해 2분의 1이 됩니다. 절반으로 자른 피자 두 개를 합하면 원래의 피자와 똑같은 크기가 될 것입니다. 그런데 만약

$$\frac{1}{2}+\frac{1}{2}=\frac{1+1}{2+2}=\frac{2}{4}$$

라고 하면 반으로 자른 피자를 합한 것이 $\frac{2}{4}$ 가 되지요. 이 계산대로라면 그대로 절반이 되는 것입니다.

그림 3-1

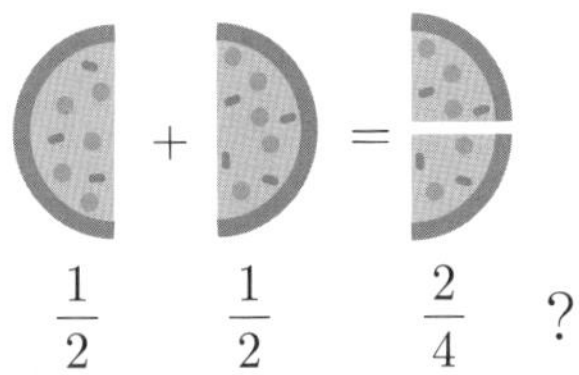

$$\frac{1}{2} \qquad \frac{1}{2} \qquad \frac{2}{4} \quad ?$$

빨셈의 경우에도 만약 $\frac{2}{4}$ 조각의 피자에서 $\frac{1}{2}$ 조각을 먹은 나머지가

$$\frac{2}{4} - \frac{1}{2} = \frac{2-1}{4-2} = \frac{1}{2}$$

이 된다고 하면, 분명 피자를 먹었는데 피자는 줄어들지 않은 상태가 되는 것입니다.

그림 3-2

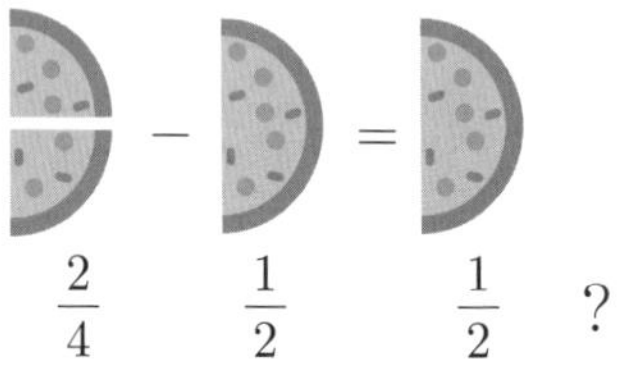

$$\frac{2}{4} \qquad \frac{1}{2} \qquad \frac{1}{2} \qquad ?$$

따라서 분수의 덧셈과 **빨셈**은 분자끼리, 그리고 분모끼리 그대로 더하거나 빼서는 안 된다는 것을 알 수 있습니다. 그렇다면 곱셈의 경우에는 어떨까요? 예를 들어, 절반으로 자른 피자에서 $\frac{2}{3}$ 를 잘라내면, 잘라낸 피자는 원래의 피자의 $\frac{2}{6}$ 크기가 됩니다. 이것은

$$\frac{1}{2} \times \frac{2}{3} = \frac{1 \times 2}{2 \times 3} = \frac{2}{6}$$

라고 계산할 수 있습니다.

그림 3-3

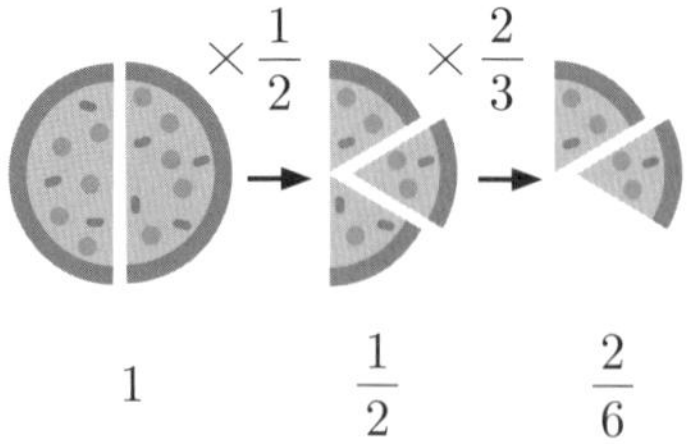

$$1 \qquad \frac{1}{2} \qquad \frac{2}{6}$$

다시 말해, 절반인 피자를 3등분 하는 것은 $\frac{1}{2}$의 분모에 3을 곱해서

$$\frac{1}{2 \times 3} = \frac{1}{6}$$

이라고 계산할 수 있으며, 그중에서 2를 나누는 것은 분자에 2를 곱해서

$$\frac{1 \times 2}{6} = \frac{2}{6}$$

로 계산할 수 있으므로, $\frac{1}{2} \times \frac{2}{3}$의 값은 분자끼리, 그리고 분모끼리 각각 곱해서 얻어지는 것입니다.

마지막으로 분수의 나눗셈에 관해 생각해 봅시다. 초등학교에서 분수의 나눗셈은 나누는 수의 **역수**를 곱해서 계산한다고 배웁니다. 여기에서 역수란 분수의 분자와 분모를 바꿔 넣은 수로, $\frac{2}{3}$의 역수는 $\frac{3}{2}$이 되며, $\frac{1}{2}$의 역수는 $\frac{2}{1} = 2$가 됩니다. 예를 들어 $\frac{1}{2} \div \frac{2}{3}$는 다음과 같이 계산합니다.

$$\frac{1}{2} \div \frac{2}{3} = \frac{1}{2} \times \frac{3}{2} = \frac{3}{4}$$

그렇다면 분수의 나눗셈을 할 때는 왜 역수를 곱하는 것일까요? 초등학교 6학년 수학 교과서에서는 다음과 같은 구체적인 예를 들어 설명하고 있습니다.

A÷1 = A이므로, 나누는 수가 1일 때 나눗셈의 결과는 나누어지는 수와 일치합니다. 나눗셈 A÷B는 나누는 수 B와 나누어지는 수 A에 동일한 수 C(≠0)를 곱하더라도 값이 변하지 않습니다.

$$A \div B = (A \times C) \div (B \times C)$$

여기에서 $\dfrac{a}{b} \div \dfrac{c}{d}$ 를 나누는 수가 1이 되게 하기 위해 양 변에 $\dfrac{d}{c}$ 를 곱하면,

$$\frac{a}{b} \div \frac{c}{d} = \left(\frac{a}{b} \times \frac{d}{c} \right) \div \left(\frac{c}{d} \times \frac{d}{c} \right)$$
$$= \left(\frac{a}{b} \times \frac{d}{c} \right) \div 1 = \frac{a}{b} \times \frac{d}{c}$$

이처럼 분수의 나눗셈은 '나누는 수를 역수로 수정해서 곱하는' 방식으로 계산해야 한다는 것을 배우게 됩니다.

그렇다면 다음과 같은 계산식은 틀린 것일까요?

$$\frac{a}{b} \div \frac{c}{d} = \frac{a \div c}{b \div d}$$

실제로 계산을 해서 검증해 봅시다.

$$\frac{a}{b} \div \frac{c}{d} = \frac{a}{b} \times \frac{d}{c} = \frac{a \times d}{b \times c}$$

$$= \frac{a \times d \times \dfrac{1}{cd}}{b \times c \times \dfrac{1}{cd}} = \frac{a \times \dfrac{1}{c}}{b \times \dfrac{1}{d}} = \frac{a \div c}{b \div d}$$

$\dfrac{a}{b}$에 $\dfrac{c}{d}$의 역수를 곱한 결과가 분자와 분모로 각각 나눈 결과와 일치합니다. 위의 예시에서도

$$\frac{1}{2} \div \frac{2}{3} = \frac{1 \div 2}{2 \div 3} = \frac{\dfrac{1}{2}}{\dfrac{2}{3}} = \frac{\dfrac{1}{2} \times 6}{\dfrac{2}{3} \times 6} = \frac{3}{4}$$

이 되므로 정확한 결과를 얻을 수 있습니다.

독자들 중에는 초등학교 때 배운 계산 법칙과 다르기 때문에 틀렸다고 생각하는 사람이 있을지 모릅니다. 대학 강의에서 이 문제를 내면 틀렸다고 대답하는 학생이 꽤 있습니다. 초등학교에서는 위와 같이 계산하면 정답을 맞힌 경우라도 틀렸다고 채점할 수 있습니다. (수학에서는 '곱셈 순서 문제'라는 것이 있는데, 예를 들어 초콜릿이 5개씩 들어 있는 상자가 2개 있을 경우 초콜릿 수를 5×2로 계산하면 정답이지만, 2×5로 계산하면 오답이라고 한 것에 대해 문제가 제기되었습니다.) 그러나 수학에서 답은 하나밖에 없다 해도, 정답을 도출하는 방법에는 여러 가지가 있습니다.

그러면 다시 0을 사용한 나눗셈에 대해 생각해 봅시다. 먼저 0을 나누는 나눗셈에 대해 생각해 볼까요? 이 내용은 초등

학교 3학년 수학 시간에 배웁니다. 먼저 8장의 색종이를 4명이 동일하게 나눠 가질 때, 한 명당 몇 장씩 갖게 될지 생각해 본다면 8÷4를 곱셈

$$4 \times \square = 8$$

로 수정해서 □ = 2이기 때문에 2장이라는 대답을 계산해 낼 수 있습니다. 다음으로, 색종이 0장을 4명이 나누는 경우를 생각해 봅시다. 위와 같은 방법으로 0÷4를 곱셈

$$4 \times \square = 0$$

으로 바꾼 다음, □ = 0이므로 0장이라는 답을 계산해 냈습니다.

$$8장 \div 4명 = \square장 \rightarrow 4명 \times \boxed{2}장 = 8장$$
$$0장 \div 4명 = \square장 \rightarrow 4명 \times \boxed{0}장 = 0장$$

이처럼 초등학교 3학년 교과서에는 0 '을' 나누면 어떤 결과가 나오는지에 대해서는 설명하지만, 0 '으로' 나누면 어떤 결과가 나오는지는 언급하지 않습니다. 초등학생은 배움에 대한 욕구가 왕성합니다. 0으로 나누는 것에 대한 설명이 교과서에 없다고 교사에게 질문하러 올 수도 있습니다. 교사는 어

떻게 대답하면 좋을까요? 한 수학 교과서의 교사용 지도서에
는 다음과 같은 내용이 있습니다.

> $0 \div 4$를 계산하는 방법은, $\square$를 사용한 곱셈 식($4 \times \square = 0$)을 써
> 보게 한 다음 "4에 어떤 수를 곱하면 답이 0이 될까?"라고 질문하
> 고, $\square$가 0이라는 점을 도출해 $0 \div 4 = 0$이라는 점을 이해할 수 있
> 게 한다. **또한 $0 \div 0$ 및 $a \div 0$과 같은 형태에 대해서는 언급할 필요
> 가 없다.**

위의 내용에서 보듯 0으로 나누는 나눗셈에 대해서는 초등
학교에서 가르칠 필요가 없다고 실려 있습니다. 그렇다면 중
학교 수학 교과서에서는 어떻게 설명하고 있을까요? 한 교과
서에는 다음과 같이 실려 있습니다.

> $\square \times 3 = 6$, $\square \times (-3) = 6$ 과 같은 식의 $\square$에 들어갈 알맞은 수를 구
> 하는 계산($\square = 6 \div 3$, $\square = 6 \div (-3)$)이 나눗셈이다. …(중략)… 0을
> 양수로 나누거나 음수로 나누더라도 몫은 0이 된다. **또한 0으로 나
> 누는 나눗셈에 대해서는 고려하지 않는다.**

함수를 다루는 장에서는 다음과 같은 내용도 있습니다.

y가 x의 함수이고 $y = \dfrac{a}{x}$로 나타낼 때, y는 x에 반비례한다고 표현한다. **반비례 관계에서는 $x = 0$인 경우는 고려하지 않는다.**

0으로 나누는 나눗셈은 고려하지 않는다고 적혀 있지만 왜 그런지, 그 이유는 언급되어 있지 않습니다. 그러면 과연 고등학교에서는 이유를 설명하고 있을까요? 예전의 고등학교 수학 교과서에는 다음과 같이 적혀 있습니다.

2개의 수를 가지고 각각 더하기, 빼기, 곱하기, 나누기를 하는 계산을 사칙연산이라고 한다. 다시 말해 사칙연산이란 덧셈, 뺄셈, 곱셈, 나눗셈을 의미하는 것이다. **나눗셈에서는 0으로 나누는 경우는 고려하지 않는 것으로 한다.**

이처럼 초중고에 이르기까지 0으로 나누는 나눗셈에 대해서는 교과서에서 따로 설명하지 않습니다.

수학 교과서에는 왜 0으로 나누면 안 되는 이유가 실려 있지 않은 것일까요? 학생들이 질문할 때 "규칙이 그런 거야."라고 한마디로 단정 지으면, 학생들의 흥미가 식어 버리지 않을까요? 0으로 나누는 경우를 고려하지 않는 데에는 이유가 있을 겁니다. 그 이유에 대해 생각해 봅시다.

초등학교 수학 시간에는 0÷4를 '4에 어떤 수를 곱하면 0이 될 것인가'라는 문제로 치환하여 생각했습니다.

$$0 \div 4 = \square \quad \rightarrow \quad 4 \times \square = 0$$

마찬가지로 $4 \div 0$을 '0에 어떤 수를 곱하면 4가 될 것인가'라는 문제로 치환하여 생각해 봅시다.

$$4 \div 0 = \square \quad \rightarrow \quad 0 \times \square = 4$$

0에 어떤 수를 곱해도 0이 되기 때문에 $0 \times \square = 4$에 해당하는 수는 존재하지 않습니다. 다시 말해 $4 \div 0 = \square$의 답은 없다는 결론이 됩니다. 초등학생에게 답이 없는 식이라고 하면, 예를 들어

$$2 + \square = 1$$

을 만족시키는 수 $\square$를 구하는 것과 같습니다. 음수를 배우지 않은 초등학생의 경우, 이 식에는 답이 없는 것입니다.

중학교 수학에서는 변수를 포함한 식을 배우기 때문에 식

$$y = \frac{1}{x}$$

의 양변에 x를 곱하면

$$xy = 1$$

여기에 $x = 0$을 대입하면

$$0 \times y = 0 = 1$$

이 되기 때문에, 식이 성립하지 않습니다. 따라서 $x = 0$일 때 y의 식은 존재하지 않습니다. 다시 말해 $1 \div 0$의 해는 존재하지 않는 것이 됩니다. 이것은 함수 $y = \dfrac{1}{x}$의 그래프에서 $x = 0$일 때 y의 값이 존재하지 않는 것에 해당합니다.

그림 3-4

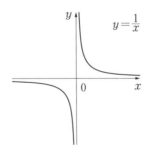

이와 같이 설명해 준다면 초등학생과 중학생들도 충분히 납득할 수 있지 않을까요? '$x = 0$인 경우는 고려하지 않는다'고 말하는 대신 위와 같은 설명을 해 주지 않는 이유가 궁금합니다.

불능과 부정

문자를 포함하는 등식을 방정식이라고 합니다. 지금부터 다음의 방정식에 대해 생각해 볼까요?

$$ax - b = 0 \ (a, b는 \ 정수)$$

여기에서 **정수**란 정해진 수를 의미하는데, 어떤 수인지 알 수 없기 때문에 문자 a, b로 나타내겠습니다. 이에 대해 **변수**란 여러 가지 값을 취할 수 있는 수입니다. 위에 언급한 식에서는 x가 변수가 됩니다. 이때 위의 식을 만족하는 변수 x의 값을 구하는 것을 **x에 대해 푼다**고 말합니다. 그러면 이 방정식을 x에 대해 풀어 볼까요?

이것은 중학교 1학년 때 배우는 방정식인데, 중학교 수학에서 가장 간단한 형태의 방정식입니다. 그런데 이 문제를 대학생에게 풀어 보라고 하면 정답을 적어 내는 학생이 많지 않습

니다. 식 $ax - b = 0$을 x에 대해 푼 값은 $a \neq 0$인 경우

$$x = \frac{b}{a}$$

가 되는데, 문제는 $a = 0$인 경우에는 어떻게 되느냐 하는 것입니다.

$a = 0$일 때 방정식 $ax - b = 0$은

$$0 \times x - b = 0$$

여기에서 $0 \times x = 0$이므로,

$$0 - b = 0$$

다시 말해, $b = 0$이 됩니다. $a = b = 0$을 원래의 식에 대입하면

$$0 \times x - 0 = 0$$

이 식은 x에 어떤 값을 대입해도 성립합니다. 그러므로 $a = b = 0$일 때 방정식 $ax - b = 0$은 **임의의 해 x를 가진다**고 말합니다. 그렇다면 $a = 0$이고 $b \neq 0$인 경우에는 어떻게 될까요? 이 경우,

$$0 \times x - b = 0$$

은 x에 어떤 값을 대입해도 성립하지 않습니다. 그러므로 $a = 0$이고 $b \neq 0$일 때 방정식 $ax - b = 0$은 **해를 가지지 않는다**고 합니다.

지금까지의 설명을 정리해 볼까요? 일차방정식 $ax - b = 0$을 풀 때, 완전한 정답은 다음과 같습니다.

· $a \neq 0$일 때, $x = \dfrac{b}{a}$

· $a = 0, b = 0$일 때, 임의의 해 x를 가진다.

· $a = 0, b \neq 0$일 때, 해를 가지지 않는다.

$a = 0$인 경우, $ax - b = 0$은 $b \neq 0$일 때 해를 가지지 않으며, $b = 0$일 때는 어떤 x라도 해가 될 수 있습니다. 이처럼 방정식의 해가 존재하지 않는 경우를 **불능**이라고 하고, 방정식의 해가 정해지지 않는 경우를 **부정**이라고 합니다. 예를 들어, 방정식

$$x \times 0 = 1$$

은 해가 존재하지 않기 때문에 불능이며, 방정식

$$x \times 0 = 0$$

은 임의의 x에 대해 성립하기 때문에 부정입니다. 따라서
$x \times 0 = 1$을

$$x = 1 \div 0$$

으로 변형하더라도 x의 해는 존재하지 않으며, $x \times 0 = 0$을

$$x = 0 \div 0$$

으로 변형하면 무수한 해가 존재하게 됩니다. 이처럼 0으로 나누는 나눗셈의 해는 존재하지 않거나, 또는 무수히 많기 때문에 일반적으로 0으로 나누는 나눗셈은 고려하지 않습니다.

한없이 0에 가까워진다는 것은 무엇을 의미할까요?

0으로 나누는 나눗셈을 고려하지 않는 이유에 대해 알아보았습니다. 즉, 분수의 분모에 문자가 존재하는 경우에는

$$\frac{1}{x} \ (x \neq 0)$$

위와 같이 분모 값이 0이 아니라는 것을 표시해 둘 필요가 있습니다. 분수 $\frac{1}{x}$에서 x가 0을 취할 수 없는 이유는 $1 \div 0$의 해가 존재하지 않는 것과 관련이 있습니다. 이 내용을 시각적으로 살펴보기 위해 $\frac{1}{x}$에서 x 값을 한없이 0에 가깝게 만들어 보겠습니다.

$\frac{1}{x}$에서 분모 값을 0.1, 0.01, 0.001,…과 같이 0에 가깝게 만들면, 분수 값은 점점 큰 양수가 될 것입니다.

$$\frac{1}{0.1} = 10$$

$$\frac{1}{0.01} = 100$$

$$\frac{1}{0.001} = 1000$$

$$\cdots$$

한편 분모를 음수에서 -0.1, -0.01, -0.001,…처럼 0에 가깝게 만들면, 분수 값은 점점 작은 음수가 됩니다.

$$\frac{1}{-0.1} = -10$$

$$\frac{1}{-0.01} = -100$$

$$\frac{1}{-0.001} = -1000$$

$$\cdots$$

이것은 $y = \frac{1}{x}$ 의 그래프에서 x 값을 양의 방향에서 0에 가깝게 하면 y 값은 한없이 큰 양수가 되고, x 값을 음의 방향에서 0에 가깝게 하면 y 값은 음수이면서 그 절댓값이 한없이 커지는 상태를 나타냅니다. 여기에서 한없이 큰 양수를 기호

$$+\infty$$

로 나타내고, 음수이면서 그 절댓값이 한없이 커지는 상태를

를 기호

$$- \infty$$

로 나타내 보겠습니다. ∞는 **무한대**를 의미하는 수학 기호인데, 구체적인 수치를 나타내는 것은 아닙니다. x 값을 양의 방향에서 0에 가깝게 한 경우와, 음의 방향에서 0에 가깝게 한 경우, $y = \dfrac{1}{x}$ 의 그래프는 다음의 그림과 같습니다.

그림 3-5

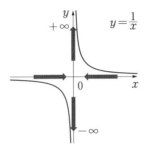

x 값이 $\pm$ 방향에서 점차 0에 가까워짐에 따라, y 값은 $\pm$ 반대 방향으로 점차 멀어지게 됩니다. 따라서 1÷0의 값은 존재하지 않는다는 것을 그래프를 통해서 알 수 있습니다.

다음으로 분수 $\dfrac{x}{y}$ 에서 x 와 y 값을 동시에 0에 가까워지게 하면 어떻게 되는지 살펴봅시다. 예를 들어,

$$\frac{0.1}{0.1} = 1 \qquad \frac{0.01}{0.01} = 1 \qquad \frac{0.001}{0.001} = 1 \ \cdots$$

여기에서 분자와 분모를 점점 작게 해도 분수 값은 그대로 1임을 알 수 있습니다. 그런데 위에 언급한 경우 외에도

$$\frac{0.2}{0.1}=2 \qquad \frac{0.02}{0.01}=2 \qquad \frac{0.002}{0.001}=2 \ \cdots$$

$$\frac{0.1}{0.01}=10 \qquad \frac{0.01}{0.001}=10 \qquad \frac{0.001}{0.0001}=10 \ \cdots$$

이처럼 분자와 분모를 동시에 0에 가깝게 하는 방법은 여러 가지이며, 어떤 값이든 취할 수 있습니다.

여기에서 $0 \div 0$을

$$\frac{0}{0}$$

이라고 쓴다면, $\frac{0}{0}$이 모든 값을 취할 수 있다는 것은 $\frac{x}{y}$에서 x와 y 값을 동시에 0에 가깝게 하면 어떤 값이든 될 수 있다는 것을 통해서도 알 수 있습니다.

0을 사용한 계산의 불가사의함

중학교 2학년 수학에서는 거듭제곱의 개념에 대해 배웁니다. 예를 들어, 2×2×2를 2^3이라고 쓰고 '2의 세제곱'이라고 읽습니다. 여기에서 숫자 오른쪽 위에 작게 쓴 수를 **지수**라고 합니다. 중학교 수학에서는 지수가 자연수인 경우만 다루지만 고등학교 수학에서는 지수가 정수, 유리수인 경우도 등장합니다. 지수가 0인 경우에는

$$2^0 = 1$$

이 된다고 배우는데, 2를 0개 곱하면 왜 1이 되는 걸까요? 0개를 곱한다는 것은 아무것도 곱하지 않는다는 뜻이므로, 값이 0이 되어야 하는 게 아닐까요?

구체적인 예를 들어 생각해 봅시다. 먼저 바이러스가 한 개 있다고 가정해 봅시다. 이 바이러스는 한 시간마다 두 개로 분열하여 증식합니다. 바이러스 한 개는 한 시간 후에 바이러스

두 개로 분열하고, 분열해서 발생한 바이러스는 한 시간이 경과하면 또다시 두 개로 분열합니다. 이렇게 분열을 계속 반복하면, 바이러스의 개수는 한 시간마다 두 배씩 증가합니다.

$$(1시간\ 후)\ 1 \times 2 = 2^1 = 2(개)$$
$$(2시간\ 후)\ 1 \times 2 \times 2 = 2^2 = 4(개)$$
$$(3시간\ 후)\ 1 \times 2 \times 2 \times 2 = 2^3 = 8(개)$$
$$\cdots$$

이와 같이 계산하면 k 시간 후에는 2^k 개가 되는 것을 알 수 있습니다. 그런데 처음에는 바이러스 한 개에서 시작했습니다. 다시 말해, 시작 시점을 0시간 후라고 하면

$$2^0 = 1$$

이 성립합니다. 만약 $2^0 = 0$이라고 하면, 처음에는 바이러스가 없었던 것이 되므로 분열이나 증식이 발생하지 않게 됩니다.

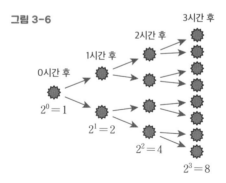

그림 3-6

$2^0 = 1$이 되는 이유는 수학적으로 다음과 같이 설명할 수 있습니다. 먼저

$$2^4 = 2 \times 2 \times 2 \times 2 = 16$$
$$2^3 = 2 \times 2 \times 2 = 8$$
$$2^2 = 2 \times 2 = 4$$
$$2^1 = 2$$

처럼 지수 값을 하나씩 줄이면 거듭제곱의 값이 $\dfrac{1}{2}$이 되기 때문에

$$2^0 = 2^1 \times \frac{1}{2} = 1$$

이라고 정의하는 것입니다. 이처럼 계속 확인해 나가면,

$$2^{-1} = \frac{1}{2} \qquad 2^{-2} = \frac{1}{4} \qquad 2^{-3} = \frac{1}{8} \quad \cdots$$

처럼 지수가 음수인 경우에도 정의가 자연스럽게 확장되는 것을 알 수 있습니다. 이처럼 수학에서는 정의와 관련해 약속된 점이 몇 가지 있습니다. 자연수 n의 **계승**이란

$$n! = n \times (n-1) \times \cdots \times 2 \times 1$$

처럼 n 이하의 모든 자연수를 곱한 수를 말합니다. 예를 들어,

$$3! = 3 \times 2 \times 1 = 6$$

이 됩니다. 그렇다면 $n = 0$인 경우,

$$0!$$

의 값은 어떻게 될까요? (중고등학교 수학에서 0은 자연수가 아니지만, 대학교 이후에는 자연수에 포함시키는 경우가 있습니다.) 0 이하의 모든 자연수를 곱하는 것이기 때문에, 자연수에 0이 포함된다 해도 값이 0이 될 것 같아 보입니다. 그런데 $0!$의 값은

$$0! = 1$$

이라고 정해져 있습니다. 이것은 그렇게 정하는 것이 편리하기 때문에 그런 것입니다. 예를 들어 $3!$의 값은

$$3! = 3 \times 2!$$

처럼 계산할 수 있습니다. 일반적으로 $n!$과 $(n-1)!$ 사이에는

$$n! = n \times (n-1)!$$

이라는 관계식이 성립합니다. 여기에서 위의 식에 $n = 1$을 대입하면

$$1! = 1 \times 0!$$

이 되며, $1! = 1$이기 때문에 $0! = 1$이라고 정의 내리지 않으면, 이치에 맞지 않는 계산이 됩니다.

그러면 이제 거듭제곱 이야기로 돌아가 봅시다. 고등학교 수학에서 a^n의 지수 n 값을 0이나 음수까지 확장하는 경우,

$$a \neq 0$$

이라는 조건이 붙어 있습니다. 교과서에는 $a \neq 0$이라는 조건은 적혀 있지만, 그 이유에 대해서는 언급하지 않습니다. 이런 조건은 왜 붙어 있는 걸까요? $a = 0$인 경우,

$$a^n = 0^n$$

이 됩니다. 여기에서 $n > 0$일 때,

$$0^n = 0^{n-1} \times 0 = 0$$

이 됩니다. 그렇다면 $n = 0$인 경우, 다시 말해 0의 0제곱 값

$$0^0$$

은 어떻게 될까요? $n > 0$일 때 $0^n = 0$이므로, $n = 0$일 경우

에도 $0^0 = 0$ 이라고 정해야 할까요?

$$\cdots 0^3 = 0 \times 0 \times 0 = 0, \ 0^2 = 0 \times 0 = 0, \ 0^1 = 0, \ \mathbf{0^0 = 0}$$

한편 $a \neq 0$일 때 $a^0 = 1$이 되므로, $a^0 = 0$일 때도 $0^0 = 1$이라고 해야 한다는 견해가 있을 수 있습니다.

$$\cdots 3^0 = 1, \ 2^0 = 1, \ 1^0 = 1, \ \mathbf{0^0 = 1}$$

0^0 은 0일까요, 1일까요? 혹은 그 외의 값일까요?

다음의 내용을 가지고 생각해 봅시다. 먼저, $0^m \, (m \geq 1)$은 0을 m개 곱한 수를 나타냅니다. 여기에서 0^m과 $0^n \, (n \geq 0)$을 곱하면

$$0^m \times 0^n = \underbrace{0 \times 0 \times \cdots \times 0}_{m\text{개}} \times \underbrace{0 \times 0 \times \cdots \times 0}_{n\text{개}}$$

$$= \underbrace{0 \times 0 \times \cdots \times 0}_{(m+n) \text{ 개}}$$

$$= 0^{m+n}$$

여기에서 $n = 0$이라고 하면

$$0^m \times 0^0 = 0^{m+0} = 0^m$$

양변을 0^m으로 나누면

$$0^0 = 0^m \div 0^m = 1$$

따라서 $0^0 = 1$이 됩니다.

잠시 멈춰서 다시 생각해 볼까요? 위 계산 과정의 마지막 부분에서 양변을 0^m으로 나누었는데, $m \geq 1$일 때 $0^m = 0$이 었지요. 다시 말해, 마지막 단계에서 $0^m = 0$으로 양변을 나눌 수 없는 것입니다. 여기서 한 단계 앞의 식으로 돌아가

$$0^m \times 0^0 = 0^m$$

에 $0^m = 0$을 대입하면

$$0 \times 0^0 = 0$$

이 식은 0^0이 어떤 값이든 성립합니다. 다시 말해,

0^0은 부정

이 되는 것입니다. (수학 분야에 따라서는 $0^0 = 1$이라고 정의하기도 합니다.) 고등학교 교과서에서 거듭제곱 a^n에 $a \neq 0$이라는 조건이 붙어 있는 것은, $a = n = 0$인 경우에 부정이 된다는 이유 때문입니다. 그럼 마지막 문제를 내 보겠습니다. 다

음 계산의 어느 부분에 오류가 있을까요?

$a = b$ 라고 하자. 양변에 a를 곱하면

$$a^2 = ab$$

양변에서 b^2를 빼면

$$a^2 - b^2 = ab - b^2$$

인수분해하면

$$(a+b)(a-b) = b(a-b)$$

양변을 $(a-b)$로 나누면

$$a+b = b$$

$a = b$이므로,

$$2b = b$$

양변을 b로 나누면

$$2 = 1?$$

미분

지금부터 xy 평면상에 부드럽게 연속하는 함수에 대해 생각해 봅시다. 여기에서 '부드럽게 연속'한다는 표현의 수학적 의미에 대해 설명하면 복잡하기 때문에 생략하지만, 예를 들어 여러분이 잘 알고 있는 이차함수 $y = x^2$이나 삼차함수 $y = x^3 - x$를 xy 평면상에 그려 보면 튀어나온 부분이 없이 무한히 이어지는 곡선이 됩니다.

그림 3-7

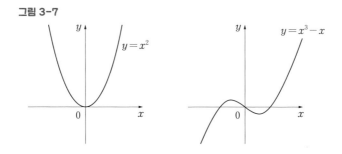

이와 같은 그래프를 가지는 함수를 '부드럽게 연속'한다고 합니다. $y = x^2$이나 $y = x^3 - x$처럼 좌변이 y이고 우변의 식에 포함된 변수가 x밖에 없는 함수를 일반적으로 $y = f(x)$라고 표현합니다. 여기에서 f는 함수를 나타내는 영어 단어 function의 이니셜입니다. 함수 $y = f(x)$상의 임의의 두 점 (x_1, y_1), (x_2, y_2)를 정하고, 이 두 점을 통과하는 직선을 그려

보면 직선의 기울기는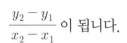

$$\frac{y_2 - y_1}{x_2 - x_1}$$ 이 됩니다.

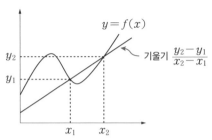

그림 3-8

여기에서 x_1 값을 x_2에 가깝게 하면, y_1 값은 y_2에 가까워지고, $\dfrac{y_2 - y_1}{x_2 - x_1}$ 값은 함수 $y = f(x)$의 $x = x_2$의 접선의 기울기에 가까워집니다.

그림 3-9

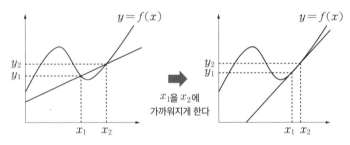

x_1을 x_2에 가까워지게 한다

이처럼 함수 $y = f(x)$의 한 점에서 접선의 기울기를 구하는 계산을 **미분**이라고 합니다. 식 $\dfrac{y_2 - y_1}{x_2 - x_1}$에서 x_1을 x_2에 가까워지게 하면 y_1도 y_2에 가까워지게 되며, 분수의 분모와 분자가 0에 가까워지게 됩니다. 다시 말해 미분은 $\dfrac{0}{0}$ 꼴의 극한값을 계산하는 것이라고 할 수 있습니다. 함수의 임의의 한 점에서의 기울기는 임의의 값을 취할 수 있기 때문에, $\dfrac{0}{0}$이 부정이라는 사실과도 일치합니다.

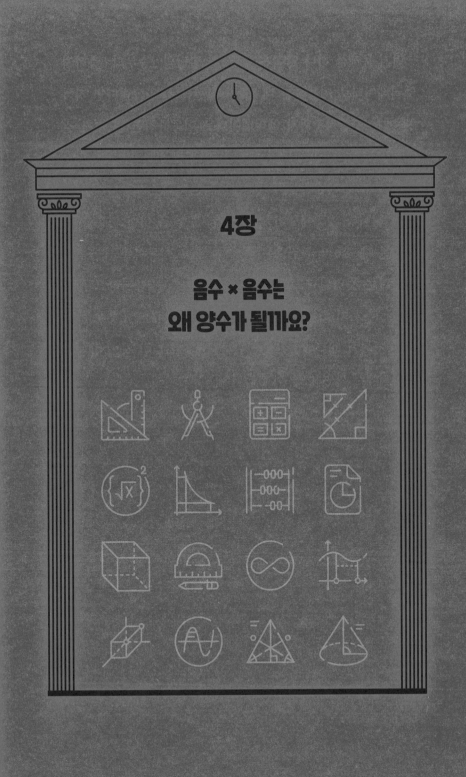

4장

음수 × 음수는
왜 양수가 될까요?

먼저 문제를 하나 맞춰 보세요. 한 빌딩의 2층부터 6층까지 엘리베이터로 이동하는 데 4초가 걸렸습니다. 그렇다면 지하 2층에서 지상 4층까지 엘리베이터로 이동하려면 몇 초가 걸릴까요? 단, 엘리베이터의 속도는 항상 일정하고, 층을 이동하는 도중에 사람이 탑승하거나 내리지 않는 상황이라고 가정해 봅시다. 2층에서 6층까지는 $6 - 2 = 4$층이며, 4층을 이동하는 데 4초가 걸린다는 것은 한 층을 이동하는 데 1초가 걸린다는 뜻입니다. 그렇다면 지하 2층을 -2층이라고 생각하면, 4층까지 이동하는 것은 $4 - (-2) = 6$이므로 6층을 이동하는 것이기 때문에 6초가 걸릴까요? 정답은 이 장의 마지막 페이지에서 확인해 볼 수 있습니다.

 음수에 대해
알아봅시다

이번에는 **음수**에 대해 생각해 봅시다. 초등학교 수학 시간에 사용하는 수는 0과 자연수(양수)뿐이며, 중학교 1학년 수학에서 음수에 대해 배우게 됩니다. 중학교 수학 교과서에서는 음수를 직감적으로 이해하기 위해 일상생활의 예를 사용하는 경우가 있습니다. 예를 들어 0℃를 기준으로 그보다 낮은 온도는 음수를 사용하여 −3℃라고 표시하거나, 해수면의 기준을 0m로 정하고 해수면보다 낮은 장소의 고도를 −10m라고 나타낸 사례를 찾아볼 수 있습니다.

이처럼 현대 사회에서는 일상생활에서 매우 흔히 음수를 사용하기 때문에, 중학생이면 새로운 수의 개념을 받아들이기가 어렵지 않을 겁니다. 그러나 역사를 살펴보면 유럽에서는 15세기가 되기까지 음수는 '이치에 맞지 않는 수'라고 불리며 인정받지 못했습니다. 17세기에 프랑스의 수학자이자 철학자인 데카르트는 방정식의 마이너스 해를 '거짓 해'라고 불렀습니다.

중학교 수학 교과서에서는 음수를 나타내기 위해 **수직선**을 사용합니다. 그리고 0을 **원점**, 0에서 오른쪽 방향을 **양의 방향**, 0에서 왼쪽 방향을 **음의 방향**이라고 규정했습니다.

그림 4-1

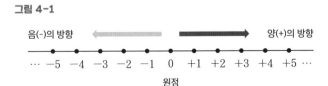

여기에서 양수 +1, +2, +3,…은 +를 생략하고 1, 2, 3이라고 쓰는 경우가 많습니다. 이처럼 음수와 양수를 수직선상의 점으로 나타내면, 수직선상의 위치 관계를 통해 음수와 양수의 크기를 비교할 수 있습니다. 수직선상에서 오른쪽으로 갈수록 크고, 왼쪽으로 갈수록 작은 수라는 것을 **부등호**를 사용해

$$a < b \text{ 또는 } b > a$$

라고 나타내며, 수 a가 b보다 작거나 또는 같은 경우에는

$$a \leq b \text{ 또는 } b \geq a$$

라고 나타냅니다.

음수가 도입되면 음수를 사용한 사칙연산을 정의할 수 있습니다. 음수와 양수의 덧셈에서 양수 +N을 더하는 경우, 오른쪽 방향으로 N 값만큼 이동시켜 계산합니다. 음수 −N을 더하는 경우에는 왼쪽 방향으로 N 값만큼 이동시켜 계산합니다.

그림 4-2

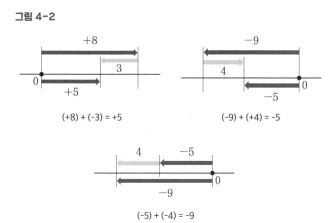

뺄셈을 할 때는 덧셈을 할 때와 반대 방향이 됩니다. 양수 +N을 빼는 경우에는 왼쪽으로, 음수 − N을 빼는 경우에는 오른쪽으로 N 값만큼 이동시켜 계산합니다.

그림 4-3

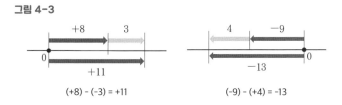

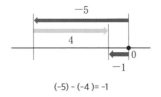

$$(-5) - (-4) = -1$$

여기에서 음수의 **뺄셈**인

$$(+8) - (-3) = +11$$
$$(-5) - (-4) = -1$$

에 대해 생각해 봅시다. 양수와 음수의 덧셈에서

$$(+8) + (+3) = +11$$
$$(-5) + (+4) = -1$$

이므로, 다음의 등식이 성립합니다.

$$(+8) - (-3) = (+8) + (+3)$$
$$(-5) - (-4) = (-5) + (+4)$$

　−3을 뺀다는 것은 +3을 더하는 것과 같고, −4를 뺀다는 것은 +4를 더하는 것과 같습니다. 다시 말해 음수 −N을 뺀다는 것은 양수 +N을 더하는 것과 같은 것이지요.

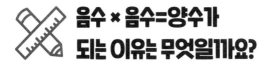

음수 × 음수=양수가
되는 이유는 무엇일까요?

이번에는 곱셈에 대해 살펴볼까요? 먼저 음수와 양수의 곱셈을 생각해 봅시다. 예를 들어 $(-2) \times 3 = -6$이 되는 이유를 생각해 봅시다. 곱셈은 덧셈으로 바꿀 수 있으므로,

$$(-2) \times 3 = (-2) + (-2) + (-2) = -6$$

$(-2) \times 3$은 -2를 세 번 더한 것과 같으므로 $(-2) \times 3 = -6$이 됩니다. 같은 방법으로 생각해 보면 $2 \times (-3) = -6$은 2를 -3개 더한 것이 될까요? -3개를 더한다는 것이 쉽게 이해되지 않을 수 있습니다. 음수를 곱하는 경우에는 덧셈의 반대인 뺄셈을 떠올린 다음, 2를 3개 뺄셈하는 경우라고 생각하면 이해하기 쉽습니다.

$$2 \times (-3) = -2 - 2 - 2 = -6$$

다음으로 음수와 음수의 곱셈에 대해 생각해 봅시다. 위에서 설명한 양수와 음수의 곱셈에서 $(-2) \times (-3)$은 -2를 3개 빼는 것이라고 생각해 볼 수 있습니다.

$$(-2) \times (-3) = -(-2) - (-2) - (-2)$$

음수의 뺄셈에 대해 설명한 것처럼, 여기에서 음수를 뺀다는 것은 양수를 더하는 것과 같기 때문에

$$(-2) \times (-3) = -(-2) - (-2) - (-2)$$
$$= +2 + 2 + 2$$
$$= +6$$

음수와 음수를 곱하자 양수가 되었습니다.

음수의 곱셈을 수직선을 사용해 생각해 보겠습니다. 양수와 음수는 원점을 기준으로 서로 반대편에 있는 수입니다. 그렇다면 -1을 곱하는 것은 원래의 수를 $180°$ 회전시켜 반대편에 있는 수로 만드는 것이라고 할 수 있습니다. 예를 들어 $(+2) \times (-1) = -2$ 가 되며, $(-2) \times (-1) = +2$ 가 됩니다.

그림 4-4

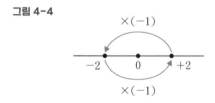

이때 (+2)×(−3)은 +2를 원점 대비 180° 회전시켜 3배 한 것이고, (−2)×(−3)은 −2를 원점 대비 180° 회전시켜 3배 한 것이 됩니다.

그림 4-5

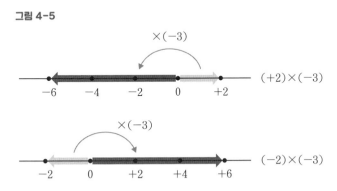

이처럼 음수와 음수를 곱한 결과가 양수가 되는 것은 수학적으로 설명할 수 있지만, 일상생활에서 음수 × 음수가 양수가 되는 경우를 설명할 만한 좋은 예를 찾기란 쉽지 않습니다. 소설 《적과 흑》으로 잘 알려진 19세기의 프랑스 작가 스탕달은 '마이너스인 양을 빚이라고 가정한다면, 1만 프랑의 빚에 500프랑의 빚을 곱하는데 왜 500만 프랑의 재산을 가진 게 되는가?'라는 의문을 제기했다고 합니다.

중학교 수학 교과서에서도 음수 × 음수가 양수가 되는 이유에 대해, 일상생활의 예를 들어 설명하는 경우가 있습니다. 그중 한 예를 소개해 보겠습니다. 동쪽으로 이동하는 경우를 +, 서쪽으로 이동하는 경우를 − 라고 가정하고, 현재를 기점으로 미래를 +, 과거를 − 라고 가정합니다. 서쪽을 향해 시간당 4km의 속도로 걸어가는 사람이 지금보다 2시간 전에 있었던 지점을 계산하기 위해 시속 −4km로 −2시간 걷는 거리를 계산해 보면, $(-4) \times (-2) = +8$이 되므로 현재 위치에서 8km 동쪽 지점에 있었다고 설명하고 있습니다.

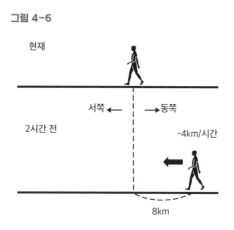

그림 4-6

그러나 2시간 전에 있었던 지점을 계산하기 위해 일부러 음수끼리 곱셈을 하는 사람은 많지 않을 겁니다.

중학교 수학 교과서에는 곱셈의 규칙성을 사용한 다음과 같은 설명이 있습니다.

그림 4-7

$$(-2) \times 3 = -6$$
$$(-2) \times 2 = -4$$
$$(-2) \times 1 = -2$$
$$(-2) \times 0 = 0$$
$$(-2) \times (-1) = +2$$
$$(-2) \times (-2) = +4$$
$$(-2) \times (-3) = +6$$

$+2$
$+2$
$+2$
$+2$
$+2$
$+2$

$(-2) \times k$에서 k값이 1씩 줄어들면 곱셈 결과는 +2씩 증가하기 때문에, k가 음수가 되면 곱셈의 결과는 양수가 됩니다.

　3장에서 수학에서는 정의상 규정하는 것이 있다는 이야기를 했습니다. 음수 × 음수가 양수가 되는 것 역시 계산 법칙입니다. 만약 음수 × 음수의 결과가 음수가 된다면 어떻게 될까요? 예를 들어,

$$(-2) \times (-3) = -6$$

이 되었다고 합시다. 여기에서,

$$(-2) \times (+3) = -6$$

이라고 할 수 있으므로,

$$(-2) \times (-3) = (-2) \times (+3)$$

이 되므로, $-3 = +3$이 됩니다. 이처럼 음수 × 음수일 때 음수가 된다면 음수와 양수가 같은 수가 됩니다. 따라서 음수를 포함하는 계산이 모순되지 않으려면 음수 × 음수는 양수가 되어야 하지요.

음수를 사용한 나눗셈

마지막으로 음수를 사용한 나눗셈에 대해 살펴봅시다. 나눗셈은 곱셈과 반대되는 계산이므로, 예를 들어

$$(-2) \times (+3) = -6$$

을 식변형하면

$$(-6) \div (+3) = -2$$
$$(-6) \div (-2) = +3$$

이 되고,

$$(-2) \times (-3) = +6$$

을 식변형하면

$$(+6) \div (-3) = -2$$

가 됩니다. 따라서 양수를 음수로 나누면 몫은 음수가 되고, 음수를 양수로 나누면 몫은 음수가 되며, 음수를 음수로 나누면 몫은 양수가 되는 것을 알 수 있습니다.

그렇지만 방금 살펴본 상황은 나눗셈을 했을 때 '나누어떨어지는' 경우에 해당합니다. 양수로 나눗셈을 하는 경우, 나누어떨어지지 않는 경우에는 몫과 나머지가 남습니다. 음수의 나눗셈에서 나누어떨어지지 않는 경우에는 몫과 나머지가 어떻게 될까요?

중학교 수학 교과서에는 음수로 나누었을 때의 몫과 나머지에 대한 설명은 실려 있지 않습니다. 이 점은 고등학교 수학에서도 배우지 않기 때문에, 이에 대해 생각해 본 적이 없는 독자들도 많을 겁니다. 그럼, 다음의 문제에 대해 생각해 봅시다.

(i) 5를 −3으로 나누었을 때의 몫과 나머지는?
(ii) −5를 3으로 나누었을 때의 몫과 나머지는?
(iii) −5를 −3으로 나누었을 때의 몫과 나머지는?

이 문제에 답하기 위해서는 **몫과 나머지의 관계**를 적용해야 합니다. 먼저 양의 정수 a를 양의 정수 b로 나누었을 때의 몫을 q, 나머지를 r이라고 하면 다음과 같은 식이 성립합니다.

$$a = bq + r \quad (0 \le r \le b - 1)$$

예를 들어,

$$5 = 3 \times 1 + 2$$

이므로 5를 3으로 나누었을 때의 몫은 1이고 나머지는 2임을 알 수 있습니다. 이 관계식을 음수가 포함된 나눗셈 (i)~(iii)에 적용하면 (i)은

$$5 = (-3) \times (-1) + 2$$

이므로, 5를 −3으로 나누었을 때의 몫은 −1이고 나머지는 2입니다. (ii)는

$$-5 = 3 \times (-2) + 1$$

이므로, −5를 3으로 나누었을 때의 몫은 −2이고 나머지는 1입니다. (iii)은

$$-5 = (-3) \times 2 + 1$$

이므로, −5를 −3으로 나누었을 때의 몫은 2이고 나머지는 1이 됩니다. 그러나 여기서 문제가 발생합니다. 몫과 나머지의 관계식에서는 나누는 수와 나머지 사이에 다음과 같은 조건이 있습니다.

$$0 \leq r \leq b - 1$$

다시 말해, 나머지는 0 또는 나누는 수보다 작은 양수여야 하지요. 그렇다면 (i)에서 5를 −3으로 나누었을 때의 나머지가 2라는 것은, 위의 부등식의 $r \leq b - 1$ 부분에 $b = -3$, $r = 2$를 대입하면

$$2 \leq -3 - 1$$

이 되기 때문에 부등식이 성립하지 않습니다. 마찬가지로 (iii)에서 −5를 −3으로 나누었을 때의 나머지가 1이 되는 경우도 $r \leq b - 1$에 $b = -3$, $r = 1$을 대입하면

$$1 \leq -3 - 1$$

이 되므로 이 역시 성립하지 않습니다. 그렇다면 위의 (i)과 (iii)은 틀린 것일까요? 잘 생각해 보면 b가 음수인 경우에는

$$b - 1 < 0$$

이기 때문에 $0 \le r \le b - 1$을 만족하는 r 값은 원래부터 존재하지 않습니다.

그렇다면 음수로 나누었을 때의 몫과 나머지는 어떻게 생각하면 좋을까요? 양수로 나누었을 때의 몫과 나머지의 관계에 대해 다시 한 번 생각해 봅시다. 나눗셈은 분수로 표현할 수 있기 때문에 몫과 나머지의 관계를 분수를 사용해 살펴보겠습니다. $5 \div 3$을 분수로 표현하면

$$\frac{5}{3} = \frac{3}{3} + \frac{2}{3}$$

여기에서 $\frac{3}{3} = 1$이므로 몫이 1, $\frac{2}{3}$는 3으로 나누어떨어지지 않는 나머지를 나타내고 있으므로 나머지가 2라는 것을 알 수 있습니다. 마찬가지로 $(-5) \div 3$은,

$$\frac{-5}{3} = \frac{-6}{3} + \frac{1}{3}$$

이므로 몫이 −2, 나머지가 1이라는 것을 알 수 있습니다.

음수로 나누는 경우도 같은 방법으로 생각해 봅시다.

$5 \div (-3)$은,

$$\frac{5}{-3} = \frac{3}{-3} + \frac{2}{-3}$$

이므로 몫이 −1, 나머지가 2가 됩니다. 또한 (−5) ÷ (−3)은

$$\frac{-5}{-3} = \frac{-6}{-3} + \frac{1}{-3}$$

이므로 몫이 2, 나머지가 1이 됩니다.

따라서 음수로 나눈 경우의 몫과 나머지는 위에서 살펴본 몫과 나머지의 관계식으로 계산한 값과 일치하기 때문에 이 결과는 올바른 것입니다. 그렇다면 몫과 나머지의 관계식에서, 조건인 부등식

$$0 \leq r \leq b - 1$$

을 충족시키지 않는 것은 어떻게 생각하면 좋을까요? 사실 중고등학교 수학 교과서에서 다루는 몫과 나머지의 관계는 음수로 나누는 경우에 대해서는 고려하지 않습니다. 음수로 나누는 경우, 몫과 나머지의 관계는 다음과 같습니다.

$$a = bq + r \ \ (0 \leq r \leq -b - 1)$$

다시 말해, 나누는 수 b가 음수인 경우, 나머지 r의 범위가

$$0 \leq r \leq -b - 1$$

이 되는 것입니다. 위의 예 (i)에서 5를 −3으로 나누었을

때의 나머지는

$$0 \leq r \leq -(-3)-1$$

다시 말해 $0 \leq r \leq 2$의 범위 안이 되는 것이며, 나머지가 2라는 결과는 옳습니다. (iii)에서 -5를 -3으로 나누었을 때의 나머지가 1인 것도 $0 \leq r \leq 2$의 범위 안에 포함되어 있습니다. 몫과 나머지의 관계에서 나누는 수가 양수인 경우와 음수인 경우를 다음과 같이 함께 적어 볼 수 있습니다.

$$a = bq + r \quad (0 \leq r \leq |b|-1)$$

여기에서 $|b|$는 b의 **절댓값**을 나타냅니다. 절댓값이란 b가 양수일 때는 $|b| = b$, b가 음수일 때는 $|b| = -b$가 됩니다.

따라서 양수로 나누는 경우$(b > 0)$에는
'$0 \leq r \leq |b|-1$'은 '$0 \leq r \leq b-1$'이 되고, 음수로 나누는 경우$(b < 0)$에는 '$0 \leq r \leq |b|-1$'은 '$0 \leq r \leq -b-1$'이 됩니다. 또한 몫과 나머지의 관계에 따라,

$$a = bq + r = (-b) \times (-q) + r$$

따라서 a를 b로 나누었을 때의 몫이 q이고 나머지가 r인 경

우, a를 $-b$로 나누었을 때의 몫은 $-q$이고 나머지는 r이 되는 것을 알 수 있습니다. 이 점을 통해 어떤 정수 a를 양수 b와 음수 $-b$로 나누었을 경우의 몫은 각각 $+$와 $-$ 부호가 다를 뿐, 절댓값이 같은 q와 $-q$가 되며, 나머지 r은 같다는 것을 알 수 있습니다.

나눗셈의 나머지에 대해서는 수직선상에서도 나타낼 수 있습니다. 예를 들어, 정수 n을 3으로 나누었을 때의 나머지는 0, 1, 2 중의 어느 하나가 됩니다. 이것을 수직선상에 표시하면 다음의 그림과 같습니다.

그림 4-8

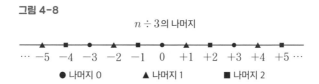

$n \div 3$의 나머지가 0인 경우는 ●, 나머지가 1인 경우는 ▲, 나머지가 2인 경우는 ■로 표시했습니다. 예를 들어 $n = +5$일 때, $(+5) \div 3$의 나머지는 2가 되기 때문에, $+5$인 곳에는 ■로 표시했습니다. 또한 $n = -2$일 때, $(-2) \div 3$의 나머지는 $-2 = 3 \times (-1) + 1$에 따라 1이 되기 때문에 -2인 곳은 ▲로 표시했습니다. 나머지가 0, 1, 2가 되는 정수가 수직선상에 주기적으로 배치된 것을 그림에서 볼 수 있습니다.

나누는 수가 음수인 경우에도 위와 같이 설명할 수 있습니다. $n \div (-3)$의 나머지는 0, 1, 2 중 어느 하나가 되며, 앞에서 설명한 것처럼 $n \div (-3)$의 나머지는 $n \div 3$의 나머지와 같기 때문에 수직선상에 나타내면 $n \div 3$의 나머지를 표시한 앞 페이지의 그림과 같은 형태가 됩니다.

그림 4–8에서, 나머지 값이 원점에 대해 좌우 대칭이 아니라는 점에 주의하기 바랍니다. 예를 들어 $(+5) \div 3$의 나머지는 2(■)가 되지만, $(-5) \div 3$의 나머지는 1(▲)이 됩니다. 모든 정수는 3으로 나누었을 때의 나머지 값에 따라 세 종류(●, ▲, ■)로 분류될 수 있습니다. 이때, 같은 모양으로 표시된 수를 3으로 나누었을 때 (수의) **합동**이라고 합니다.

위의 나눗셈 $5 \div 3$, $(-5) \div 3$, $5 \div (-3)$, $(-5) \div (-3)$을 분수로 나타내면 다음과 같습니다.

$$\frac{5}{3} = \frac{-5}{-3} \qquad \qquad \frac{-5}{3} = \frac{5}{-3}$$

위에서 $5 \div 3$은 $(-5) \div (-3)$과 같으며, $(-5) \div 3$은 $5 \div (-3)$과 같다는 것을 알 수 있습니다. 그런데 몫과 나머지를 비교하면 $5 \div 3$은 몫이 1이고 나머지가 2인데 비해, $(-5) \div (-3)$은 몫이 2이고 나머지가 1이 됩니다. 한편, $(-5) \div 3$은 몫이 -2이고 나머지가 1인데 비해, $5 \div (-3)$은 몫이 -1이고 나머지가 2가 됩니다. 몫과 나머지가 일치하지 않는데 나눗셈이 같다고 하는 것은 대체 어떤 의미일까요?

그림 4-9

$$\frac{5}{3}=\frac{-5}{-3} \qquad\qquad \frac{-5}{3}=\frac{5}{-3}$$

몫 1, 나머지 2 ≠ 몫 2, 나머지 1? 　　몫 -2, 나머지 1 ≠ 몫 -1, 나머지 2?

나눗셈에서는 몫과 나머지가 일치하더라도 나누는 값이 같다고 단정 지을 수 없습니다. 5÷3과 6÷4는 모두 몫이 1이고 나머지가 2이지만,

$$\frac{5}{3}=1.666\cdots$$

$$\frac{6}{4}=1.5$$

로 완전히 다른 값이 됩니다. 그런데 초등학교 3학년 수학 교과서에는

$$5\div3=1\cdots2$$

$$6\div4=1\cdots2$$

라고 되어 있습니다. 수학에서는

$$a=c\ 이면서\ 동시에\ b=c\ 일\ 때\ a=b$$

라는 관계가 성립하기 때문에 위의 두 등식에서

$$5 \div 3 = 6 \div 4$$

라는 결과가 도출됩니다. 따라서 수학 교과서에 실려 있는 위의 내용은 수학적으로 옳은 식이라고 할 수 없습니다.

양수끼리 나눗셈을 할 경우, 예를 들어

$$\frac{5}{3} = \frac{10}{6}$$

처럼 분수 값이 일치하면 몫은 반드시 일치합니다. 일반적으로 나누는 수가 다르면 나머지는 다른 값이 나오는데, 5÷3의 나머지는 2이지만, 10÷6의 나머지는 4가 됩니다. 반면에 음수가 포함되는 나눗셈의 경우에는 분수 값이 일치해도 몫과 나머지는 다른 값이 됩니다. 이처럼 음수가 포함된 나눗셈에서 몫과 나머지를 계산하는 경우에는 주의를 해야 합니다.

제곱해서 음수가 되는 수가 있을까요?

음수까지 고려했을 때, 이차방정식

$$x^2 = 1$$

은 $x = +1$과 $x = -1$인 두 해를 가집니다. 그렇다면 이차방정식

$$x^2 = -1$$

의 해 x는 과연 존재할까요?

음수를 두 번 곱하면 양수가 되기 때문에, $x^2 = -1$의 해는 존재하지 않는 것처럼 보이지요. 초등학교 수학에서는 양수에 대해서만 배웁니다. 따라서 초등학교의 수학 범위 내에서 생각해 본다면 방정식

$$x + 1 = 0$$

의 해는 존재하지 않습니다. 그러나 중학교 수학에서는 음수에 대해 배우고, $x + 1 = 0$은 $x = -1$이라는 해를 가진다는 것을 배우게 됩니다. 이와 마찬가지로 생각해 본다면, 중학교 수학 범위 내에서는 $x^2 = -1$의 해는 존재하지 않지만, 수의 개념을 확장해 본다면 해를 가질 가능성이 있을까요?

중학교 수학에서는 유리수와 무리수를 사용하는데, 유리수와 무리수를 통틀어 **실수**라고 합니다. 0을 제외한 실수는 제곱하면 반드시 양수가 되기 때문에 $x^2 = -1$의 실수 해는 존재하지 않습니다. 그렇다면 방정식 $x^2 = -1$에서 실수가 아닌 해가 존재할까요? 제곱을 하면 음수가 되는 수에 대해 17세기의 영국 수학자 존 월리스는 다음과 같은 예를 들어 설명했습니다.

어떤 사람이 넓이가 1600㎡인 토지를 손에 넣었다. 그러나 그 후에 넓이 3200㎡인 토지를 잃었다. 그가 얻은 토지는 전체적으로 −1600㎡이 된다. 이 마이너스 넓이의 토지가 정사각형 형태라고 한다면, 한 변의 길이 x는 $x^2 = -1600$㎡을 만족할 것이다.

이 설명은 약간 억지를 부리는 것처럼 보입니다.

양수와 음수는 모두 수직선상에 존재합니다. 양수를 두 번 곱하면 양수가 되고, 음수를 두 번 곱해도 양수가 됩니다. 따라서 수직선상에 있는 어떤 수를 두 번 곱해도 음수가 되는 일은 결코 없습니다.

그렇다는 것은 만약 $x^2 = -1$의 해가 존재한다면, 그 해는 수직선의 바깥에 있다는 의미가 됩니다.

그림 4-10

제곱해서 x가 되는 수를 x의 **제곱근**이라고 합니다. 예를 들어, 4의 제곱근은 양수 +2와 음수 -2 두 개가 있습니다. x의 제곱근 중에서 양수를 $\sqrt{x}$, 음수를 $-\sqrt{x}$ 라고 씁니다. 여기에서 $\sqrt{}$ 는 **근호**이며, '루트'라고 읽습니다. $x^2 = -1$을 만족하는 x는 -1의 제곱근이라는 것입니다. 여기에서 -1의 양의 제곱근을 $\sqrt{-1}$ 이라고 적어 보겠습니다. 문제는 만약 이런 수가 존재한다면 어디에 존재하냐는 것입니다. 앞에서, -1을 곱한다는 것은 수직선상에서 180° 회전한다는 것을 의미한다고 했습니다.

그림 4-11

-1의 양의 제곱근 $\sqrt{-1}$은 두 번 곱하면 -1이 되므로

$$\sqrt{-1} \times \sqrt{-1} = -1$$

이라는 것은, $\sqrt{-1}$은 180°의 절반인 90°를 회전하는 것이라고 생각하면 되지 않을까요?

그림 4-12

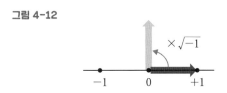

-1의 양의 제곱근을 $\sqrt{-1} = i$라고 쓰고, **허수 단위**라고 부릅니다. 이때 $x^2 = -1$을 만족하는 x는

$$i^2 = (\sqrt{-1})^2 = -1$$
$$(-i)^2 = (-\sqrt{-1})^2 = -1$$

이므로, $x = i$와 $x = -i$ 두 값이 있습니다. 이 둘을 합쳐서 $x = \pm i$라고 나타냅니다. 여기에서 $\pm$는 '플러스마이너스'라고 읽습니다. 이 i는 데카르트가 '상상의 수(imaginary number)'라고 불렀던 것에서 기인한 기호입니다. $+1$에 i를 한 번 곱하는 것을 90° 회전한다고 생각하면, $+1$에 i를 두 번 곱하면

$$i \times i = i^2 = -1$$

이므로 180° 회전이 되고, +1에 i를 세 번 곱하면

$$i \times i \times i = i^2 \times i = -i$$

이므로 270° 회전이 되며, +1에 i를 네 번 곱하면

$$i \times i \times i \times i = i^2 \times i^2 = (-1) \times (-1) = 1$$

이기 때문에 360° 회전해서 원래대로 돌아온다는 것을 알 수 있습니다.

그림 4-13

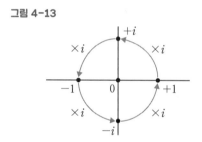

+1에 i를 두 번 곱하면 180° 회전해 −1이 됩니다. 한편, +1에 i를 세 번 곱하면 270° 회전해 $-i$를 얻을 수 있고, $-i$를 두 번 곱하면 +1에서 270°×2 = 540°를 회전해 −1이 됩니다. 이 점을 통해, $x^2 = -1$은 $x = i$와 $x = -i$의 두 해를 가진다는 것을 알 수 있습니다. 실수에 대해,

$$i \qquad 2i \qquad \sqrt{3}\,i \qquad -i \qquad -\frac{1}{3}i$$

와 같은 수를 **허수**라고 합니다. 허수란 허수 단위 i에 실수를 곱한 수입니다. 지금까지 살펴보았던 실수로 구성된 수직선을 **실수축**이라고 하며, 이것과 수직인 축을 **허수축**이라고 합니다. 그리고 모든 허수는 허수축 위에 존재합니다.

수직선은 하나의 직선으로 이뤄져 있는 일차원의 세계입니다. 이에 비해, 실수축과 허수축으로 구성되어 있는 세계는 이차원 평면을 나타내지요. 이렇게 두 개의 축으로 구성된 평면을 어딘가에서 본 기억이 있으신가요? 맞습니다. 중학교 1학년 수학 시간에 배우는 x축과 y축으로 구성된 **좌표평면**이 바로 이에 해당합니다. 좌표평면에서는 평면상의 점 P를 (x, y)로 나타내고, x를 점 P의 x좌표, y를 점 P의 y좌표라고 불렀습니다.

그림 4-14

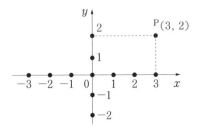

점 P의 x좌표는 3, y좌표는 2

이와 같은 방법으로 생각해 보면, 실수축과 허수축으로 구성되는 평면상의 점 $(3, 2)$에서는 3이 실수를 나타내고 2는 허수 $2i$를 나타냅니다. 여기에서 이 점을 $3 + 2i$라는 실수와 허수로 구성된 새로운 수를 나타내는 것이라고 정해 봅시다.

그림 4-15

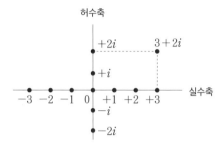

이처럼 실수와 허수로 구성된 수를 **복소수**라고 하며, 일반적으로는 다음과 같이 나타냅니다.

$$a + bi \, (a, b는 실수)$$

여기에서 $b = 0$일 때 $a + bi$는 실수 a가 되고, $a = 0$일 때는 허수 bi가 됩니다. 실수는 수직선상의 점으로 나타나는 일차원의 수인데 비해, 복소수는 실수축과 허수축으로 구성된 평면상의 점으로 나타나는 이차원의 수입니다. 이처럼 실수축과 허수축으로 구성된 평면을 **복소평면**이라고 합니다.

그런데 i는 −1의 제곱근 중 하나였습니다. 그렇다면 i의 제곱근은 어떤 수가 되는 것일까요?

$$x^2 = i$$

이와 같은 수는 복소평면상에서 다음과 같이 구할 수 있습니다. i의 제곱근은 제곱을 하면 i가 되는 수이기 때문에, +1을 두 번 회전하면 i가 되는 수라고 할 수 있습니다. +1을 두 번 회전시켜서 90°가 된다는 것은, 한 번 회전할 때 45° 회전을 한다는 뜻입니다. 이때, +1을 45° 회전시켜 빗변의 길이가 1인 직각 이등변 삼각형이 있다고 하면, 다른 두 변의 길이는 $\dfrac{1}{\sqrt{2}}$이 됩니다. 이때의 좌표는

$$\left(\frac{1}{\sqrt{2}}, \frac{1}{\sqrt{2}} \right)$$

이 되므로, 제곱해서 i가 되는 수 중 하나는 복소수

$$\frac{1}{\sqrt{2}} + \frac{1}{\sqrt{2}} i$$

가 됩니다. 그리고

$$-\frac{1}{\sqrt{2}} - \frac{1}{\sqrt{2}} i = -\left(\frac{1}{\sqrt{2}} + \frac{1}{\sqrt{2}} i \right)$$

를 두 번 회전시키면 i와 일치하게 됩니다.

그림 4-16

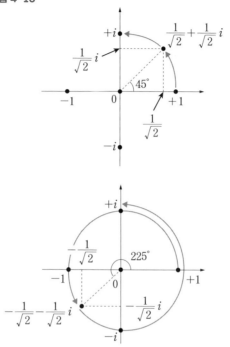

실제로 제곱을 해서 확인해 볼까요?

$$\left(\frac{1}{\sqrt{2}} + \frac{1}{\sqrt{2}}i\right)^2 = \left(\frac{1}{\sqrt{2}}\right)^2 + 2 \cdot \frac{1}{\sqrt{2}} \cdot \frac{1}{\sqrt{2}}i + \left(\frac{1}{\sqrt{2}}i\right)^2$$

$$= \frac{1}{2} + \frac{2}{2}i - \frac{1}{2} = i$$

$$\left(-\frac{1}{\sqrt{2}} - \frac{1}{\sqrt{2}}i\right)^2 = \left(-\frac{1}{\sqrt{2}}\right)^2 + 2 \cdot \left(-\frac{1}{\sqrt{2}}\right) \cdot \left(-\frac{1}{\sqrt{2}}i\right)$$

$$+ \left(-\frac{1}{\sqrt{2}}i\right)^2$$

$$= \frac{1}{2} + \frac{2}{2}i - \frac{1}{2} = i$$

제곱을 하면 i가 되는 것을 확인할 수 있습니다.

이쯤에서 복소수의 역사를 소개해 보겠습니다. 16세기의 이탈리아 수학자 카르다노는 저서에서 '더해서 10이 되고 곱해서 40이 되는 두 개의 수를 구하라'는 문제를 냈습니다. 문제의 답이 되는 두 수를 A, B라고 하면

$$A + B = 10, \ AB = 40$$

여기에서 $A = 5 + x$, $B = 5 - x$로 두면

$$AB = (5 + x)(5 - x) = 25 - x^2 = 40$$

따라서 $x^2 = -15$가 되기 때문에 x의 실수 해는 존재하지 않습니다. 이 문제에 대한 카르다노의 해는

$$5 \pm \sqrt{-15}$$

였습니다. 그는 "정신적인 고통을 감안한다면, 이 두 개의 수가 문제의 조건을 만족한다."고 기록했습니다. 19세기에 스위스 태생 수학자 아르강과 독일의 수학자 가우스는 복소수를 평면상의 점으로 나타내는 복소평면의 개념을 도입했습니다.

옛날에는 허수가 '상상의 수'라고 불렸지만, 지금은 양자역학과 소립자 물리학에서 필수불가결한 수학 개념으로 사용되고 있습니다.

그림 4-17

장 로베르
아르강

카를 프리드리히
가우스

다원수

초등학교 수학 시간에 처음 자연수를 배운 이래 수의 개념은 정수, 유리수, 실수, 그리고 복소수로 확장되었습니다. 이쯤 되면 복소수보다 더 광범위한 수의 개념이 과연 존재할지, 존재한다면 어떤 수인지 궁금해집니다.

실수는 일차원 수직선상의 점으로 나타낼 수 있고, 복소수는 이차원 평면상의 점으로 나타낼 수 있습니다. 그렇다면 삼차원 공간의 점에 해당하는 수가 있다면, 그것이 복소수보다 더 넓은 수의 개념에 해당하지 않을까요?

지금부터 삼차원 공간의 점 (x, y, z)에 대응하는 수를 삼원수라 하고,

$$x + yi + zj$$

라고 나타내기로 합시다. 여기에서 j는 '제3의 축'에 대응하는 수의 단위입니다.

x, y, z는 모두 실수이며, $z = 0$일 때 $x + yi + 0j = x + yi$는 복소수가 되고, $y = z = 0$일 때 $x + 0i + 0j = x$는 실수가 됩니다. 또한 제3의 축은 실수축과 수직으로 교차하기 때문에, i와

마찬가지로 j도 $j^2 = -1$이라는 성질을 충족합니다.

그림 4-18

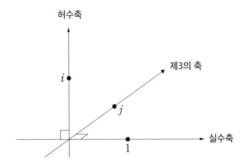

여기에서 i와 j를 곱한 것이 삼원수

$$ij = a + bi + cj\,(a\,,b\,,c$$는 실수$)$$

라고 합시다. 양변에 허수 단위 i를 곱하면 $i^2 = -1$이 되므로,

$$-j = ai - b + cij$$

위의 식에 $ij = a + bi + cj$를 대입하면

$$-j = ai - b + c \times (a + bi + cj)$$

이것을 정리하면

$$(ac - b) + (a + bc)i + (c^2 + 1)j = 0$$

이 식은 세 개의 서로 다른 축상의 수를 모두 더하면 0이 된다는 것을 뜻합니다. 여기에서 이 식이 성립하기 위해서는 $ac - b = 0$, $a + bc = 0$, $c^2 + 1 = 0$ 이 성립해야 하는데, $c^2 + 1 = 0$을 만족하는 실수 c는 존재하지 않습니다. 따라서 삼원수는 존재하지 않는다는 것을 알 수 있습니다.

그렇다면 복소수를 이보다 더 확장하는 것은 불가능할까요?

그렇지 않습니다. 19세기 아일랜드의 수학자 해밀턴은 삼원수에 또 하나의 차원을 더한 **사원수**가 존재한다는 것을 밝혀냈습니다. 사원수는 현재 삼차원 공간의 역학 및 컴퓨터 그래픽에 응용되고 있습니다. 일반적으로 세 개 이상의 차원을 가지는 수를 **다원수**라고 하며, 사원수 외에도 팔원수, 십육원수 등이 존재한다고 알려져 있습니다. 자연수에서 시작한 수의 개념은 거듭 확장되고 있으며, 새롭게 고안해 낸 수는 처음에는 이론상의 개념일 뿐이라고 여겨지지만 시간이 흐름에 따라 실제로 유용하게 활용되고 있습니다.

*이 장 맨 처음에 제시한 퀴즈의 답
지하 2층에서 4층까지는 5층을 이동하는 것이므로 5초가 걸립니다.
(0층은 존재하지 않습니다.)

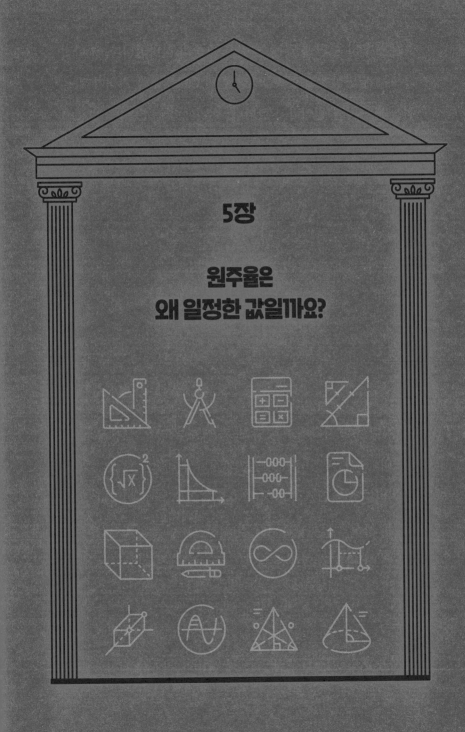

5장

원주율은
왜 일정한 값일까요?

원은 우리 주변에 있는 기본 도형 중의 하나입니다. 수학적으로는 평면상에 있는 어느 한 점인 O로부터의 거리가 같은 점들의 집합을 **원**이라고 합니다. 여기에서 점 O를 원의 **중심**이라고 하며, 중심과 원주상의 한 점을 이은 선분을 **반지름**, 중심을 지나면서 양 끝이 원주상에 있는 선분을 **지름**이라고 합니다.

그림 5-1

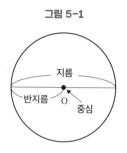

삼각형이나 사각형과는 달리 원은 모두 같은 모양을 하고 있으며, 크기만 달라집니다. 고대 사람들은 서로 다른 크기의 원을 비교하여 원주의 길이와 지름의 길이 비가 일정한 값이 된다는 사실을 알아냈습니다. 기원전 2천 년경 바빌로니아 사람들은 이 비율 값으로

$$3\frac{1}{8} = 3.125$$

를 사용했고, 이집트 사람들은 약 3.16이라는 값을 사용했습

니다. 이 원주의 길이와 지름의 길이 비를 **원주율**이라고 하며, 그리스 문자 π(파이)로 표시합니다.

$$\pi \text{ (원주율)} = \frac{\text{원주의 길이}}{\text{지름의 길이}}$$

π는 그리스어로 '원주', '주변' 등을 의미하는 단어의 머리글자입니다. 위의 식에서 π 값은 지름의 길이가 1인 원주의 길이와 일치한다는 것을 알 수 있습니다. 그런데 원주의 길이와 지름의 길이 비가 일정한 값이 된다는 것을 어떻게 알 수 있을까요? 고대 사람들은 지면에 원을 그린 다음 원주의 길이를 재서 지름의 길이와의 비율이 언제나 3에 가까운 값이 된다는 것을 알아냈을 것입니다. 그러나 3에 가까운 값이라는 것만 가지고는 항상 같은 값이 된다는 것을 증명했다고 할 수 없습니다. 원주율이 일정한 값을 가진다는 것은 어떻게 설명하면 좋을까요?

원주율을
계산해 봅시다

초등학교 6학년 수학 시간에는 원주율을 직접 계산해 보고, 그 값이 항상 일정하다는 것을 배웁니다. 먼저 다음의 그림과 같이 지름이 4cm인 원반을 굴린 다음, 한 번 회전했을 때 원주의 길이를 측정합니다.

그림 5-2

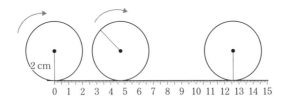

이때 측정한 원주의 길이는 약 12.6cm가 되는데,

$12.6 \div 4 = 3.15$에서 원주는 지름의 약 3.15배라는 사실을 알 수 있습니다. 지름의 길이를 다양하게 바꾸며 원주의 길이를 재 보면, 항상 지름의 약 3.14~3.15배가 된다는 것을 확인할 수 있습니다. 그렇기 때문에 원의 크기가 어떻든

'(원주의 길이)÷(지름의 길이)'는 같은 수가 되며, 그 값은

$$3.14159\cdots$$

로 이어지는 소수라고 설명하고 있습니다. 그러나 교과서에는 원주의 길이와 지름의 길이 비가 항상 같은 이유에 대한 설명은 없습니다. 중학교 수학 교과서에서는 원주율을 π 로 나타내며 π는 끝없이 이어지는 소수라고 언급하는데, 여기에서도 π 값이 일정하다는 설명은 없습니다. 원주율이 항상 일정하다는 것을 어떻게 알 수 있을까요? 그 이유에 대해 생각해 봅시다.

위에서 설명한 것처럼 삼각형이나 사각형 같이 다양한 형태가 있는 다각형과는 달리, 원은 모두 같은 형태를 지니고 있다는 특징이 있습니다. 크기가 서로 다르고 형태는 동일한 도형은 닮음 관계에 있습니다. 앞의 2장에서 설명한 닮음비를 떠올려 보기 바랍니다. 두 개의 도형이 닮음 관계에 있을 경우, 대응하는 변의 길이 비는 일정한 값이 됩니다. 지름의 길이가 다른 원은 닮음 관계에 있기 때문에, 원주의 길이 비도 닮음비와 같아지게 되며, 지름의 길이가 1인 원주의 길이를 π라고 하면, 지름의 길이가 2인 원주의 길이는 2π, 지름의 길이가 3인 원주의 길이는 $3\pi\cdots$ 이렇게 됩니다. 따라서 지름과 원주의 길이 비는 항상 일정한 값 π가 되지요.

그림 5-3

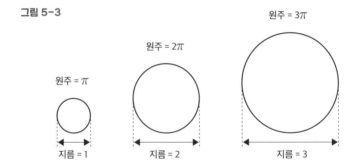

원주 = 3π

원주 = 2π

원주 = π

지름 = 1

지름 = 2

지름 = 3

그러나 의심이 많은 독자라면 다음과 같이 반론할지도 모릅니다. "다각형의 경우, 닮음인 도형은 대응하는 선분의 길이비가 모두 같다는 내용을 중학교 2학년 수학 시간에 배웠습니다. 그러나 원은 다각형이 아니고, 원주는 선분이 아니므로 지름의 길이가 두 배가 될 경우 원주의 길이도 두 배가 된다는 걸 어떻게 알 수 있지요?" 하고 말입니다.

확실히 중학교 2학년 교과서에는 다각형의 닮음 관계에 대한 설명밖에 실려 있지 않습니다. 원이나 곡선으로 둘러싸인 도형이 닮음 관계에 있을 때, 바깥 둘레의 길이 비가 닮음비와 일치한다는 것을 어떻게 알 수 있을까요? 옛날 사람들이 원주율을 계산했던 방법에서 이 문제에 대한 힌트를 얻을 수 있습니다.

과학에서는 '깊이 의심'하는 태도가 매우 중요합니다. 뉴턴은 나무에서 사과가 떨어지는 것을 보고 만유인력의 법칙을 발견했습니다. 이처럼 누구나 당연하게 생각하는 것에 대해

'왜 그렇게 될까?' 하고 의문을 갖는 데에서 위대한 발견이 탄생할 수 있지요.

　원주는 곡선이기 때문에 길이를 직접 계산하기가 쉽지 않습니다. 그러므로 옛날 사람들은 내접 또는 외접한 정다각형의 변의 길이로 원주 길이의 근삿값을 계산했습니다. 여기에서 다각형이 원에 내접한다는 것은 다각형의 각 꼭짓점이 한 원주상에 있는 상태를 말합니다. 한편, 다각형이 원에 외접한다는 것은 다각형의 각 변이 한 원에 접해 있는 상태를 말합니다.

　먼저 지름의 길이가 1인 원에 내접하는 정사각형이 있고, 원의 중심과 정사각형의 두 꼭짓점으로 구성된 한 변의 길이가 $\frac{1}{2}$인 이등변 삼각형이 있다고 해 봅시다.

그림 5-4

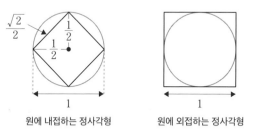

원에 내접하는 정사각형　　　원에 외접하는 정사각형

　이때, 피타고라스의 정리에 의해 정사각형의 한 변의 길이는 $\frac{\sqrt{2}}{2}$가 되며, 정사각형의 둘레의 길이는

$$\frac{\sqrt{2}}{2} \times 4 = 2\sqrt{2}$$

가 됩니다. 한편, 이 원에 외접한 정사각형의 한 변의 길이는 원의 지름과 같은 1이므로, 이 정사각형의 둘레 길이는 4가 됩니다. 원주의 길이는 내접하는 정사각형의 둘레보다 길고, 외접하는 정사각형의 둘레보다 짧기 때문에 다음이 성립합니다.

$$2\sqrt{2}\,(= 2.8284\cdots) < \pi < 4$$

이를 통해 원주율은 2.8284…와 4 사이에 있다는 것을 알 수 있지만, 정사각형과 원 사이에는 꽤 큰 '틈새'가 있습니다. 이 틈새를 줄이기 위해 정다각형의 변의 수를 증가시켜서, 정다각형의 둘레가 원주에 가능한 한 가까워지게 해 보겠습니다.

그러면 정사각형을 정육각형으로 바꿔 계산해 봅시다. 먼저 지름의 길이가 1인 원에 내접하는 정육각형의 둘레 길이에 대해 생각해 볼까요? 이때, 정육각형은 정삼각형 여섯 개로 나눌 수 있기 때문에, 이 한 변의 길이는 원의 반지름과 같은 $\frac{1}{2}$이 되며, 정육각형의 둘레 길이는 다음과 같습니다.

$$\frac{1}{2} \times 6 = 3$$

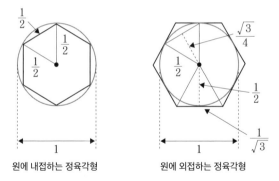

그림 5-5

원에 내접하는 정육각형 원에 외접하는 정육각형

한편 이 원에 외접하는 정육각형 둘레의 길이는 다음과 같이 계산할 수 있습니다. 위의 그림에서 원에 내접하는 정육각형을 정삼각형 여섯 개로 나눴을 때, 이 정삼각형의 높이는 피타고라스의 정리를 사용하면 $\frac{\sqrt{3}}{4}$ 이 됩니다.

마찬가지로 원에 외접한 정육각형을 정삼각형 여섯 개로 나눴을 때, 이 정삼각형의 높이는 원의 반지름의 $\frac{1}{2}$ 과 같아지며, 내접하는 정육각형과 외접하는 정육각형의 닮음비는 각각의 육각형 내부에 있는 정삼각형의 높이의 닮음비와 같아지므로,

$$\frac{\sqrt{3}}{4} : \frac{1}{2} = 1 : \frac{2}{\sqrt{3}}$$

따라서 원에 외접하는 정육각형의 한 변의 길이는 원에 내접하는 정육각형의 한 변의 길이의 $\frac{2}{\sqrt{3}}$ 배가 되며,

$$\frac{1}{2} \times \frac{2}{\sqrt{3}} = \frac{1}{\sqrt{3}}$$

그러므로 원에 외접하는 정육각형의 둘레 길이는

$$\frac{1}{\sqrt{3}} \times 6 = 2\sqrt{3}$$

입니다. 원주의 길이는 내접하는 정육각형의 둘레와 외접하는 정육각형의 둘레 사이에 있기 때문에,

$$3 < \pi < 2\sqrt{3} \ (= 3.4641\cdots)$$

정사각형의 경우와 비교해 보면, π 값의 범위가 좁혀졌다는 것을 알 수 있습니다. 그러므로 정다각형의 변의 수를 계속 증가시키면, 정다각형의 둘레 길이는 원주의 길이에 점점 가까워진다고 예상할 수 있습니다.

그림 5-6

원에 내접하는 정 n 각형

실제로 원에 내접(외접)하는 정 n 각형을 연상하면서 n 값을 증가시키면, 둘레의 길이와 지름의 비율은 다음과 같이 원주

율 3.141592…에 가까워지는 것을 알 수 있습니다.

그림 5-7

	정 n 각형 둘레의 길이	
	지름	
n	내접	외접
4	2.828427…	4
6	3	3.464101…
8	3.061467…	3.313708…
12	3.105828…	3.215390…
18	3.125667…	3.173885…
36	3.137606…	3.149591…
48	3.139350…	3.146086…
64	3.140331…	3.144118…
96	3.141031…	3.142714…
360	3.141552…	3.141672…

앞서 원에 외접하는 정육각형의 둘레 길이를 계산했을 때, 원에 내접하는 정육각형과의 닮음 관계를 활용했습니다. 서로 다른 크기의 원이 두 개 있을 경우, 각각의 원에 내접(외접)하는 정 n 각형은 닮음 관계에 있습니다. 만약 두 원의 지름의 비가 $1 : 2$라면, 각각의 원에 내접(외접)하는 정 n 각형의 둘레의 길이 비도 닮음비에 의해 $1 : 2$가 될 것입니다. 이 관계는 n 값이 얼마나 커지든 성립합니다. 한편 정 n 각형의 둘레 길이는 n이 커지면 원주의 길이에 점점 가까워지기 때문에, 지름의 길이 비가 $1 : 2$라면 원주의 길이 비도 $1 : 2$가 됩니다.

그림 5-8

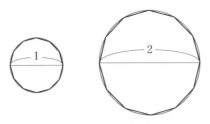

지름의 길이의 비 = 둘레의 길이의 비 = 1 : 2

이는 지름의 길이가 k배($k > 0$)가 되면, 원주의 길이도 k배가 된다는 뜻입니다. 원 외의 구부러진 곡선으로 둘러싸인 도형에서도 해당 도형에 내접(외접)하는 다각형을 연상한 다음, 곡선으로 둘러싸인 도형의 닮음 관계를 다각형의 닮음 관계로 변환하여 계산하면 됩니다. 다각형에서 변의 수를 늘리면, 곡선의 길이는 다각형 변의 길이의 합에 근사한 값이 됩니다.

기원전 3세기에 아르키메데스는 원에 내접하는 정다각형과 외접하는 정다각형의 변의 개수를 증가시켜 원주율의 근삿값을 계산했는데, 정96각형을 사용해 3.14를 구했다고 합니다. 1610년에 독일 태생 네덜란드의 수학자 루돌프는 정 2^{62}(= 약 461경 1686조)각형을 사용해 소수점 이하 35자리까지의 원주율 값을 정확하게 계산했습니다. 컴퓨터가 없던 시대에 살았기 때문에 그는 원주율을 계산하는 데 일생의 거의 대부분을 바쳤습니다. 독일에서는 그의 공적을 기려 원주율을 '루돌프

수'라고 부르기도 합니다.

17세기에 접어들면서 π를 계산하기 위한 다양한 공식들이 발견되었습니다. 예를 들어, 다음의 식은 **라이프니츠의 원주율 공식**이라고 불리는 것입니다.

$$\frac{\pi}{4} = 1 - \frac{1}{3} + \frac{1}{5} - \frac{1}{7} + \frac{1}{9} - \cdots$$

이 식은 매우 간단한 식이었지만, 원주율을 계산하기에는 효율이 좋지 않았습니다. 20세기에 들어서 컴퓨터가 등장함에 따라 더욱 빠르고 정확하게 원주율을 계산할 수 있게 되었습니다. 1949년 당시의 컴퓨터는 72시간 동안 2037자리를 계산했습니다. 17세기에 루돌프가 평생을 바쳐 계산한 35자리의 50배가 넘는 자릿수를 겨우 3일 만에 계산한 것입니다. 그후 컴퓨터의 성능이 향상되면서 계산할 수 있는 자릿수도 더욱 증가했고, 2020년에는 소수점 이하 50조 자리까지 계산했습니다.

원의 넓이가 πr^2이 되는 이유는 무엇일까요?

원주의 길이와 지름의 길이 비가 원주율이라는 사실을 통해 원주의 길이는 지름의 길이에 원주율을 곱한 값이 된다는 것을 알 수 있습니다.

$$원주의 길이 = 지름의 길이 \times 원주율$$

반지름의 길이가 r인 경우, 지름의 길이는 $2r$이 되기 때문에 원주의 길이는 $2\pi r$이 됩니다. 중학교 1학년 수학 시간에는 반지름의 길이가 r인 원의 넓이가 πr^2이 된다는 것을 배웁니다. 그러면 지금부터 원의 넓이가 πr^2이 되는 이유에 대해 생각해 봅시다.

원의 넓이를 계산할 때 원주율에 반지름 길이의 제곱을 곱하면 된다는 것과 관련해 초등학교 6학년 교과서에 실린 설명을 소개해 보겠습니다. 먼저, 원의 중심을 통과해 피자를 자르듯 원을 부채꼴 모양으로 등분합니다. 그런 다음 부채꼴 도

형을 번갈아 가며 가로로 늘어놓습니다. 이때 등분하는 수를
점점 늘리면, 늘어놓은 도형은 직사각형과 비슷해집니다.

그림 5-9

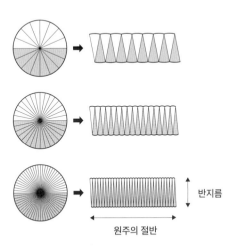

반지름

원주의 절반

이 직사각형의 세로 길이는 반지름의 길이와 같으며, 가로
길이는 원주 길이의 절반이 됩니다. 원주의 길이는 지름의 길
이에 원주율을 곱한 것이므로, 직사각형의 가로 길이는 '반지
름의 길이×원주율'이 되며, 직사각형의 넓이는 '반지름의 길
이×반지름의 길이×원주율'이 됩니다. 따라서 반지름의 길이
가 r인 원의 넓이는 πr^2이 됩니다.

원의 넓이에 대한 설명 중에는 다음과 같은 것도 있습니다.
둥글게 말려 있는 끈이 있다고 생각해 봅시다. 가장 바깥쪽에
있는 끈이 정확히 한 바퀴를 감은 지점부터 원의 중심을 향
해 가위로 끈을 잘라 봅시다. 잘라낸 끈을 긴 것에서부터 짧

은 것까지 순서대로 늘어놓아 삼각형을 만들면, 밑변의 길이
가 가장 바깥에 있는 끈의 길이인 원주의 길이가 되며, 높이
는 원의 반지름의 길이와 같아집니다. 이때 삼각형의 넓이인

$$밑변(2\pi r) \times 높이(r) \times \frac{1}{2} = \pi r^2$$

이 되므로, 원의 넓이를 계산할 수 있습니다.

그림 5-10

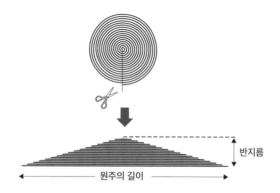

이런 방법은 모두 원의 넓이의 근삿값을 계산한 것인데, 직
감적으로 이해가 될 겁니다. 원의 넓이가 πr^2이 되는 이유는
고등학교 수학에서 '적분'을 배우면서 확인할 수 있습니다.

구에 대해 생각해 봅시다

중학교 1학년 수학 시간에는 구의 겉넓이와 부피에 대해 배웁니다. 구의 겉넓이를 계산하기 위해, 원의 넓이를 구할 때 끈을 사용해 계산했던 방법을 응용해 보겠습니다. 먼저 반구 구면에 끈을 감아서 길이를 측정합니다. 다음으로 반구와 같은 지름과 높이를 가진 원기둥의 측면에 끈을 감으면, 이 둘은 같은 길이가 됩니다. 이 사실을 통해 반구 구면의 겉넓이는 원기둥의 옆넓이와 같다는 것을 알 수 있습니다. 구에서 반지름의 길이가 r 일 때, 원기둥의 길이는 $2\pi r$ 이기 때문에 원기둥의 옆넓이는

$$2\pi r \times r = 2\pi r^2$$

이것은 반구 구면의 겉넓이와 같기 때문에, 반구 두 개를 합한 구의 겉넓이는

$$2\pi r^2 \times 2 = 4\pi r^2$$

이 됩니다.

그림 5-11

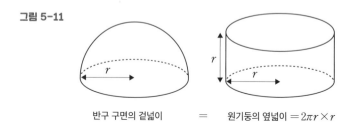

반구 구면의 겉넓이   =   원기둥의 옆넓이 $= 2\pi r \times r$

다음으로는 구의 부피에 대해 생각해 볼까요? 반구에 물을 넣고 반구와 동일한 지름과 높이를 가진 원기둥에 옮겨 담으면, 원기둥의 $\frac{2}{3}$ 지점까지 물이 차오릅니다. 이 사실을 통해 반구의 부피는 원기둥의 $\frac{2}{3}$ 가 된다는 것을 알 수 있습니다. 구의 반지름의 길이가 r 일 때, 원기둥의 밑넓이는 πr^2 이고 높이가 r 이므로, 원기둥의 부피는

$$\pi r^2 \times r = \pi r^3$$

반구의 부피는 $\frac{2}{3}\pi r^3$ 이 되므로, 구의 부피는 다음과 같습니다.

$$\frac{2}{3}\pi r^3 \times 2 = \frac{4}{3}\pi r^3$$

그림 5-12

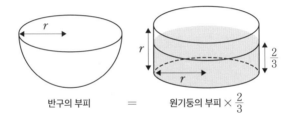

반구의 부피 = 원기둥의 부피 $\times \frac{2}{3}$

여기에서 원기둥 안에 구를 넣었을 때 구면이 원기둥 내부의 모든 면에 접할 경우, 원기둥은 구에 외접한다고 합니다. 구의 반지름 길이가 r 일 때, 이 원기둥의 옆넓이는 원주의 길이가 $2\pi r$ 이고 높이가 $2r$ 이므로,

$$2\pi r \times 2r = 4\pi r^2$$

이 되며, 구의 겉넓이와 같아집니다. 원기둥의 두 밑넓이는 각각 πr^2 이므로, 원기둥의 겉넓이는 다음과 같습니다.

$$4\pi r^2 + 2 \times \pi r^2 = 6\pi r^2$$

이 사실을 통해, 구의 겉넓이 $4\pi r^2$ 은 외접하는 원기둥의 겉넓이 $6\pi r^2$ 의 $\frac{2}{3}$ 가 됨을 알 수 있습니다. 다시 말해 구의 겉넓이와 부피는 외접하는 원기둥의 겉넓이와 부피의 $\frac{2}{3}$ 가 됩니다.

그림 5-13

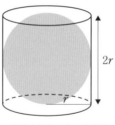

구의 겉넓이와 부피는 외접하는
원기둥의 겉넓이와 부피의 $\frac{2}{3}$

구의 겉넓이와 부피는 적분을 사용하면 계산할 수 있지만, 중학교 수학에서는 적분을 배우지 않습니다. 그러므로 교과서에서는 반구 구면에 끈을 감거나, 물을 담는 방법을 통해 구의 겉넓이와 부피의 공식을 경험적으로 도출하지요.

중학교 수학에서 구의 겉넓이와 부피를 직접 계산하는 것은 쉽지 않지만, 원주의 길이를 사용해 원의 넓이를 계산한 것처럼 구의 겉넓이를 사용해 구의 부피를 계산하는 방법을 소개해 보겠습니다.

여러분은 미러볼을 본 적이 있나요? 미러볼에는 작은 거울들이 구면에 붙어 있어서, 조명을 비추면 빛을 여기저기로 반사합니다. 미러볼 표면이 작은 정사각형 거울들로 꽉 채워져 있다고 가정하고, 이 정사각형 중 한 개를 밑면으로 하고 구의 중심을 꼭짓점으로 하는 사각뿔을 생각해 봅시다.

그림 5-14

미러볼

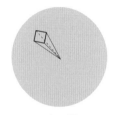

구의 중심을
꼭짓점으로 하는 사각뿔

정사각형의 한 변의 길이를 1, 구의 반지름의 길이를 r 이라고 하면, 사각뿔의 밑넓이는 1이고 높이는 r 이 되므로 부피는

$$(밑넓이) \times (높이) \times \frac{1}{3} = \frac{1}{3}r$$

구의 부피는 구면을 덮는 모든 정사각형을 밑면으로 가지는 사각뿔의 부피의 합과 같으므로, 구의 겉넓이가 $4\pi r^2$ 이면 구의 부피는 다음과 같습니다.

$$\frac{1}{3}r \times 4\pi r^2 = \frac{4}{3}\pi r^3$$

뿔꼴의 부피가 3분의 1이 되는 이유는 무엇일까요?

앞에서 사각뿔의 부피는 다음과 같이 계산했습니다.

$$(\text{밑넓이}) \times (\text{높이}) \times \frac{1}{3}$$

이것은 중학교 수학에서 배우는 공식인데, 왜 그렇게 되는 지 이유를 생각해 봅시다. 중학교 1학년 수학 교과서에서는 정육면체를 모양이 같은 세 개의 사각뿔로 나누는 방법으로 사각뿔의 부피가 정육면체의 3분의 1이 된다고 알려 줍니다.

정육면체의 한 변의 길이를 a라고 하면, 이 사각뿔의 다섯 면은 다음과 같이 구성되어 있습니다.

그림 5-15

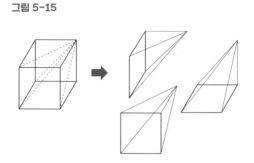

- 한 변의 길이가 a인 정육면체가 한 개
- 한 변의 길이가 a인 직각 이등변 삼각형이 두 개
- 세 변의 길이가 a, $\sqrt{2}\,a$, $\sqrt{3}\,a$인 직각 삼각형이 두 개

따라서 사각뿔 세 개는 모두 같은 모양임을 알 수 있습니다.

그림 5-16

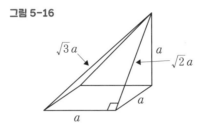

정육면체의 부피는 a^3이므로, 이를 삼등분한 사각뿔 한 개의 부피는 $\frac{1}{3}a^3$이 됩니다. 이것은 정사각형을 밑면으로 했을 때, 다음의 식으로 계산할 수 있습니다.

$$(밑넓이\ a^2) \times (높이\ a) \times \frac{1}{3} = \frac{1}{3}a^3$$

이번에는 다음의 그림과 같은 피라미드 모양의 사각뿔을 생각해 봅시다. 밑면은 한 변의 길이가 a인 정사각형이고, 높이는 a입니다. 이 사각뿔의 부피가 세 변의 길이가 a인 정육면체의 부피의 3분의 1이라는 것을 공식을 사용하지 않고 계산하려면 어떻게 하면 좋을까요?

그림 5-17

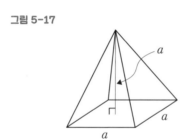

앞서 계산한 사각뿔은 정육면체를 삼등분해서 구할 수 있었지만, 방금 살펴본 사각뿔은 세 개를 합해도 정육면체가 되지 않습니다. 따라서 정육면체를 삼등분해 만든 사각뿔에 대해 다시 한 번 생각해 보겠습니다. 이 사각뿔을 밑면에 평행한 평면으로 자르면, 그 단면은 정사각형 모양이 됩니다.

그림 5-18

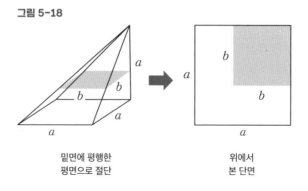

밑면에 평행한
평면으로 절단

위에서
본 단면

이렇게 여러 번 반복해서 자르다 보면, 사각뿔은 나무를 가지런히 자른 목재를 쌓아 놓은 것 같은 모양이 됩니다.

그림 5-19

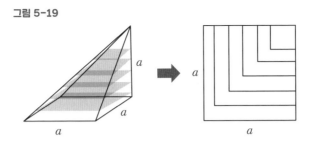

　이처럼 끝없이 절단을 반복하면 단면의 두께가 점점 얇아져 결과적으로는 크기가 서로 다른 얇은 정사각형 판이 쌓인 형태가 될 것입니다. 사각뿔은 이렇게 만들어진 얇은 정사각형 판을 쌓아 만든 것이라고 생각할 수 있고, 사각뿔의 부피는 정사각형 모양 판의 넓이를 합한 것과 같습니다. 그러면 얇게 절단한 정사각형 판의 중심이 정중앙에 오도록 다시 쌓아 봅시다.

그림 5-20

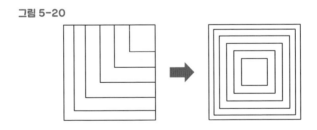

　위의 그림과 같이 완성된 형태는 정사각형의 위치만 바꾼 것이므로, 정사각형의 넓이의 합은 변하지 않습니다. 이렇게 다시 쌓은 정사각형 판은 피라미드 모양을 하고 있기 때문에, 부피는 원래의 사각뿔과 동일한 $\frac{1}{3}a^3$이 됩니다.

그림 5-21

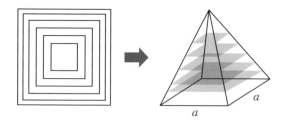

이것으로 피라미드 모양 사각뿔의 부피도

$$(\text{밑넓이}) \times (\text{높이}) \times \frac{1}{3}$$

로 계산할 수 있다는 것을 알아냈습니다.

이처럼 '두 개의 입체를 평행하게 평면으로 잘랐을 때의 단면의 넓이가 항상 같다면, 두 입체의 부피는 같다'는 사실을 **카발리에리의 원리**라고 합니다. 이 원리를 사용하면 피라미드 모양 사각뿔과 동일한 밑넓이 S와 동일한 높이 h를 가진 원뿔이 있을 때 원뿔과 사각뿔을 평행하게 평면으로 자르면 단면의 넓이는 항상 같습니다. 그리고 이 원뿔의 부피는 사각뿔의 부피와 같으며, 다음과 같이 계산할 수 있습니다.

$$(\text{밑넓이}) \times (\text{높이}) \times \frac{1}{3}$$

그림 5-22

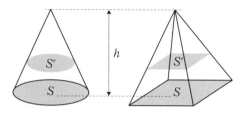

앞서 살펴본 것처럼, 구의 부피는 외접하는 원기둥 부피의 3분의 2였습니다. 한편, 원뿔의 부피는 외접하는 원기둥 부피의 3분의 1이 됩니다. 따라서 반지름의 길이가 r인 구의 부피를 $\dfrac{4}{3}\pi r^3$이라고 하면, 구에 외접하는 원기둥의 부피는 $2\pi r^2$이고, 이 원기둥에 내접하는 원뿔의 부피는

$$2\pi r^3 \times \dfrac{1}{3} = \dfrac{2}{3}\pi r^3$$

이 되어, 원뿔과 구와 원기둥의 부피 비는 다음과 같습니다.

원뿔의 부피 : 구의 부피 : 원기둥의 부피

$$= \dfrac{2}{3}\pi r^3 : \dfrac{4}{3}\pi r^3 : 2\pi r^3 = 1 : 2 : 3$$

그림 5-23

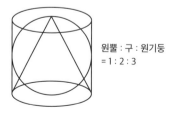

원뿔 : 구 : 원기둥
= 1 : 2 : 3

원기둥에 내접하는 원뿔과 구, 원기둥의 부피 비가 $1:2:3$ 이 된다는 사실은 고대 그리스의 아르키메데스가 발견했습니다. 아르키메데스는 반구의 내부와 외부에 원기둥을 쌓고, 반구의 부피가 쌓아 올린 두 원기둥 부피의 중간이라는 사실을 통해 수평하게 자른 간격을 짧게 만들어 반구의 부피를 근삿값으로 계산하고, 구의 부피를 구하는 공식을 도출했습니다.

그림 5-24

반구의 내부에 쌓아 올린   반구의 외부에 쌓아 올린
원기둥   원기둥

이와 비슷한 계산 방법을 어디선가 본 듯한 느낌이 들지 않나요? 이번 장 앞부분에서 원주의 길이를 계산할 때 원에 내접하거나 외접하는 다각형을 살펴보았습니다. 이렇게 연상한 다각형의 둘레 사이에 원주가 있기 때문에, 원주 길이의 근삿값을 계산해 냈습니다. 아르키메데스는 원주를 계산했던 방법을 응용해 구의 부피를 계산했습니다. 이런 방법을 **실진법**이라고 하는데, 아르키메데스는 이 방법으로 직선과 포물선(이차함수 $y = x^2$의 그래프에 나타나는 곡선)으로 둘러싸인 넓이나 타원의 넓이도 계산했습니다.

원적문제

앞서 원뿔의 부피를 구할 때, 원뿔과 밑넓이가 같은 피라미드 모양 사각뿔에 대해 살펴보았습니다. 피라미드 모양 사각뿔의 밑면은 정사각형이므로, 이것은 원의 넓이와 같은 정사각형이 됩니다. 여기에서 고대 기하학자들을 고민에 빠지게 했던 난제 중의 하나인 **원적문제**가 등장합니다. 이는 '주어진 원과 넓이가 동일한 정사각형을 자와 컴퍼스를 사용해 작도할 수 있는가?'라는 문제로, '원의 정사각형화'라고 불리기도 합니다. 이것은 바꾸어 말하면 반지름의 길이가 1인 원이 주어졌을 때, 그 원의 넓이인 π와 같은 넓이를 가지는 한 변의 길이가 $\sqrt{\pi}$ 인 정사각형을 그릴 수 있는가 하는 문제입니다.

그림 5-25

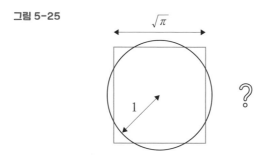

그런데 π는 $\sqrt{2}$와 같은 무리수이지만, 이 둘에는 차이가 있습니다. $\sqrt{2}$는 이차방정식 $x^2-2 = 0$의 해인데 비해,

π를 해로 갖는 정수 계수의 n차 방정식

$$a_0 x^n + a_1 x^{n-1} + \cdots + a_{n-1}x + a_n = 0 \ (a_i \text{ 는 정수})$$

은 존재하지 않습니다. 이처럼 어떤 정수 계수의 대수 방정식의 해도 되지 않는 수를 **초월수**라고 합니다. 이에 비해 정수 계수의 대수 방정식의 해가 되는 수를 **대수적 수**라고 합니다. 자와 컴퍼스를 사용해 작도할 수 있는 수는 대수적 수입니다. 19세기에 독일의 수학자 린데만이 π가 초월수라는 것을 증명하면서, 원적문제는 작도가 불가능하다는 것을 알게 되었습니다. 이것 때문에 영어에서는 불가능한 것을 시도하는 경우에 'square the circle'이라고 말합니다.

6장

무리수는 어떻게 무한소수가 되는 것일까요?

앞 장에서 살펴본 원주율 π는 무한대로 연속하는 소수라는 것이 밝혀졌습니다.

$$\pi = 3.14159265358979323846264338327950288\cdots$$

그런데 원주율이 무한대로 연속한다는 것은 어떻게 발견했을까요? 혹시라도 어딘가에서 끝날 가능성이 있지 않을까요?

원주율 π는 무리수라는 것이 증명되었습니다. 이를 증명하기 위해서는 약간 어려운 수학적인 설명이 필요하기 때문에 여기서는 다루지 않겠습니다. 하지만 무리수가 무한소수가 된다는 것은 이미 밝혀져 있는 사실이므로, π는 무한히 계속되는 소수라는 점은 분명합니다. 그렇다면 무리수는 어떻게 무한소수가 되는 것일까요? 그 이유에 대해 살펴봅시다.

유리수와 무리수

유리수와 무리수에 대해서는 중학교 3학년 수학 시간에 배웁니다. 앞의 4장에서 설명한 것처럼, 제곱해서 x가 되는 수를 x의 제곱근이라고 하며, 그중에서 양수를 $\sqrt{x}$ 라고 표시했습니다. 예를 들어, $\sqrt{1} = 1$, $\sqrt{4} = 2$, $\sqrt{9} = 3$이 여기에 해당됩니다. 이처럼 제곱해서 1, 4, 9가 되는 수는 바로 찾아낼 수 있습니다. 그렇다면 $\sqrt{2}$, $\sqrt{3}$, $\sqrt{5}$ 와 같은 수는 존재할까요? 수의 범주에 0과 자연수만 고려하는 경우에는 제곱해서 2, 3, 5가 되는 수는 존재하지 않습니다. 그

그림 6-1

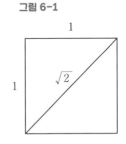

러나 이런 수가 실제로 존재한다는 것은 한 변의 길이가 1인 정사각형을 그려 보면, 그 대각선의 길이가 피타고라스의 정리에 의해 $\sqrt{2}$가 된다는 것으로 알 수 있습니다.

유리수와 무리수에 대해 중학교 3학년 수학 교과서에는 다음과 같은 설명이 있습니다.

정수 m과 0이 아닌 정수 n을 사용해서, 분수 $\dfrac{m}{n}$의 형태로 표시할 수 있는 수를 **유리수**라고 한다. 그리고 유리수가 아닌 수를 **무리수**라고 한다.

정수 m은 분수 $\dfrac{m}{1}$으로 표기되므로 유리수입니다. 한편, $\sqrt{2} = 1.414213562373095048\cdots$은 무한히 계속되는 소수가 되며, 분수로 나타낼 수 없기 때문에 무리수라고 합니다. ($\sqrt{2}$가 무리수인 이유는 7장에서 확인할 수 있습니다.)

소수에는 소수점 이하의 자릿수가 유한한 **유한소수**와 소수점 이하의 자릿수가 무한히 계속되는 **무한소수** 두 종류가 있습니다. 예를 들어, 0.1과 −0.25는 유한소수입니다. 무한소수에는 두 종류가 있는데, π와 $\sqrt{2}$처럼 소수점 이하의 숫자가 불규칙하게 계속 이어지는 것과 $0.123456456456456\cdots$처럼 소수점 이하의 특정 자리부터 같은 숫자가 반복되면서 연속되는 것이 있습니다. 같은 숫자가 반복되면서 연속되는 후자의 소수를 **순환소수**라고 하며, 다음과 같이 반복되는 첫 숫자와 마지막 숫자 위에 점을 찍어서 표시합니다.

$$0.12\overset{\cdot}{3}45\overset{\cdot}{6}$$

유리수를 소수로 나타내면 유한소수 또는 순환소수의 하나에 속합니다. 한편 무리수를 소수로 나타내면 순환하지 않는 무한소수가 됩니다. 그리고 유리수와 무리수를 합해 실수라고 합니다. 이를 정리해 보면 다음과 같습니다.

유리수는 정수를 가지고 분수로 나타낼 수 있는 수입니다. 그렇다면 유한소수나 순환소수는 어떻게 분수로 나타낼 수 있을까요? 그리고 순환하지 않는 무한소수는 왜 분수로 나타낼 수 없을까요?

분수로 나타낼 수 있는 소수와
나타낼 수 없는 소수

먼저 유한소수를 분수로 나타낼 수 있는 이유에 대해 생각해 보겠습니다. 예를 들어 유한소수 123.456은 다음과 같이 분수로 표현할 수 있습니다.

$$123.456 = \frac{123456}{1000}$$

123.456은 여섯 개의 숫자로 구성되며 소수점 이하 세 자릿수이기 때문에 소수점을 제외한 123456을 1000으로 나누면 값을 계산할 수 있습니다. 일반적으로 소수점 이하 k자리의 유한소수는, 해당 수에서 소수점을 제외한 수를 10^k으로 나눠서 분수로 표현할 수 있습니다.

다음으로는 순환소수를 분수로 표현할 수 있는 이유에 대해 생각해 볼까요? 예를 들어, 순환소수 $n = 1.2\dot{3}45\dot{6}$은 다음과 같은 방법을 통해 분수로 나타낼 수 있습니다.

n을 1000배 한 $1000 \times n$이 있고, $1000 \times n$에서 n을 빼면

$$
\begin{array}{r}
1000 \times n = 1234.56456456\cdots \\
-\quad\quad n = 1.23456456\cdots \\
\hline
999 \times n = 1233.33
\end{array}
$$

여기에서,

$$n = \frac{123333}{99900}$$

소수점 셋째 자리 이하의 '456'이라는 세 개의 숫자가 순환하는 소수 n에 10^3을 곱하면 '456'의 반복이 한 주기가 늦어지면서, $1000 \times n - n$을 계산하면 순환하는 분수의 숫자가 알맞게 사라지게 됩니다.

이처럼 k개 $(k > 0)$의 숫자가 순환하는 순환소수는 10^k을 곱한 다음 원래의 순환소수에서 빼면, 순환하는 분수가 사라져 유한소수가 되기 때문에 분수로 표현할 수 있습니다. 이로써 유한소수와 순환소수는 분수로 나타낼 수 있다는 것을 알게 되었습니다.

그런데 순환소수 $\frac{1}{3} = 0.33333\cdots$의 양변에 3을 곱하면 $1 = 0.99999\cdots$가 됩니다. 이 사실에서 $0.99999\cdots$와 같이 9가 무한히 계속되는 순환소수는 1과 같다는 것을 알 수 있습니다.

소수점 이하에 9가 얼마나 계속되든 1이 될 수 없는 것이 아닐까 하고 생각하는 독자가 있을 수 있습니다. 그러나 그런 '느낌'은 수학적으로는 옳지 않습니다. 만약 $0.999\cdots$가 1보다 작다고 하면, $0.999\cdots$와 1 사이에는 그 중간의 수인 x가 존재해야 합니다.

$$0.999\cdots < x < 1$$

두 개의 수 a와 b의 중간값은 다음과 같이 계산할 수 있습니다.

$$\frac{a+b}{2}$$

예를 들어, 3과 5의 중간값은

$$\frac{3+5}{2} = 4$$

따라서 $0.999\cdots$와 1의 중간값은

$$x = \frac{1 + 0.999\cdots}{2} = \frac{1.999\cdots}{2} = 0.999\cdots$$

$$x = 0.999\cdots$$

이것은 $0.999\cdots < x$라는 가정과 모순됩니다. 따라서 $0.999\cdots < x < 1$을 만족하는 수 x는 존재하지 않습니다.

0.999… = 1은 다음과 같이 설명할 수 있습니다.

$x = 0.999…$라고 한다면 $10x = 9.999…$

$$10x = 9.999…$$
$$-\quad x = 0.999…$$
$$9x = 9 \qquad\qquad \therefore x = 1$$

0.999… = 1이라는 식의 의미는 0.9, 0.99, 0.999,…처럼 소수점 이하 9를 계속 증가시킴에 따라 1과의 차이가 점차 줄어들며, 극한에 이른 값은 1과 같아진다는 의미입니다.

양과 음의 정수, 유한소수는 모두 소수점 이하에 9가 무한히 계속되는 순환소수로 나타낼 수 있습니다.

$$1 = 0.999… \qquad\qquad 2 = 1.999…$$
$$-1 = -0.999… \qquad 1.5 = 1.4999…$$

이처럼 9가 무한히 이어지는 순환소수는 유한소수와 같아집니다.

다음으로는 순환하지 않는 무한소수를 분수로 나타낼 수 없는 이유에 대해 생각해 봅시다. 이 문제를 생각하기 위해, 앞의 1장에서 설명한 대우의 개념을 사용해 보겠습니다.

대우란

●●라면 ▲▲

라는 조건문에 대해

▲▲이 아니라면 ●●이 아니다

라는 문장을 의미합니다. 이때, 원래의 조건문과 대우는 같은
의미(진리값이 일치)가 되었습니다. 그렇다면

순환하지 않는 무한소수는 분수로 표현할 수 없다

라는 문장을 조건문으로 바꾸어 말하면

n이 순환하지 않는 무한소수인 경우,

n은 분수로 표현할 수 없다

가 됩니다. 이 조건문의 대우는

n이 분수로 표현할 수 있는 수인 경우, n은 순환소수가 된다

가 되므로, 이 대우가 참이라면 원래의 조건문도 참이 됩니다.
　그렇다면 분수로 표현할 수 있는 수가 순환소수가 되는 이
유에 대해 생각해 봅시다. 예를 들어,

$$\frac{1}{7} = 0.142857142857\cdots$$

이것을 나눗셈으로 전개하면 다음과 같습니다.

```
          0.142857…
    7 ) 10
          7
         30
         28
          20
          14
          60
          56
           40
           35
            50
            49
            10
```

1을 7로 나누면 몫이 0이고 나머지가 1이 되며, 나머지에 10을 곱하고 10을 7로 나누면 몫이 1이고 나머지가 3이 됩니다. 나머지에 10을 곱해서 30을 7로 나누면 몫이 4이고 나머지가 2… 이렇게 계속되며, 나눗셈의 몫은 소수점 이하의 숫자가 됩니다. 이것을 앞의 4장에서 설명한 몫과 나머지의 관계식으로 나타내면 다음과 같이 됩니다.

$$1 = 7 \times 0 + 1$$

$$10 = 7 \times 1 + 3$$

$$30 = 7 \times 4 + 2$$

$$20 = 7 \times 2 + 6$$

$$60 = 7 \times 8 + 4$$

$$40 = 7 \times 5 + 5$$

$$50 = 7 \times 7 + 1$$

$$10 = 7 \times 1 + 3$$

$$\cdots$$

50을 7로 나누면 몫이 7이고 나머지가 1이 됩니다. 여기에서 나머지 1은 처음에 1을 7로 나누었을 때의 나머지와 같기 때문에, 이후의 계산은 위에 적혀 있는 나눗셈의 반복이 되며, 몫도 같은 숫자가 반복됩니다.

일반적으로 분수 $\dfrac{m}{n}$ (m, n은 자연수)을 소수로 나타내서

$$q_0 \cdot q_1 q_2 q_3 \cdots$$

이 되면, 몫과 나머지의 관계식을 통해

$$m = nq_0 + r_0$$

$$10 \times r_0 = nq_1 + r_1$$

$$10 \times r_1 = nq_2 + r_2$$

$$\cdots$$

가 됩니다. 여기에서 나머지 r_i는 $0 \leq r_i \leq n-1$ 사이에 있는 n개의 정수값 중 하나이므로, 나눗셈을 $n+1$회 반복하면

그중 반드시 같은 나머지가 나오게 되어 있고, 몫은 같은 값을 반복하게 됩니다. 다시 말해 순환하게 되는 것이지요. $\frac{1}{7}$의 경우에는 나머지가 0이 될 일이 없으므로 142857이라는 숫자의 배열이 무한 반복되지만, 나눗셈을 반복하다가 중간에 나머지가 0이 되는 경우에는 $\frac{1}{4}=0.25$처럼 유한소수가 됩니다. 유한소수는 0.25=0.24999⋯와 같이 9가 무한히 이어지는 순환소수와 같았습니다. 따라서 분수는 반드시 순환소수(유한소수 포함)가 된다고 할 수 있습니다. 다시 말해,

(1) n이 분수로 표현할 수 있는 수라면 n은 순환소수가 된다

가 참이 되어 이것의 대우인

(2) n이 순환소수가 아니라면 n은 분수로 표현할 수 없다

역시 참이 됩니다. 이것으로 순환하지 않는 무한소수는 분수로 표현할 수 없는 이유를 확인할 수 있었습니다.

그런데 앞의 소제목 첫 부분에서

순환소수(유한소수 포함)는 분수로 나타낼 수 있다

라는 점을 제시했습니다. 이것을 조건문으로 다시 써 보면,

(3) n이 순환소수라면 n은 분수로 표현할 수 있다

가 됩니다. 여기에서 (3)과 (1)은 '●●라면 ▲▲', '▲▲라면 ●●'와 같이 조건과 결론을 바꿔 놓은 문장이므로 이를 역의 관계에 있다고 합니다. 이처럼 어떤 조건문과 그 역이 모두 참인 경우,

$$●● \Leftrightarrow ▲▲$$

와 같이 표현합니다. 이때 ●●와 ▲▲는 **필요충분조건**이라고 하고 둘의 의미는 같습니다. 위의 경우, ●● = 'n은 순환소수가 된다', ▲▲ = 'n은 분수로 표현할 수 있다'라고 하면,

n은 순환소수가 된다 $\Leftrightarrow$ n은 분수로 표현할 수 있다

다시 말해 순환소수라는 사실과 분수로 표현할 수 있다는 것은 같은 의미가 되지요. 또한 (3)의 대우인

(4) n이 분수로 표현할 수 없다면 n은 순환소수가 아니다

라는 것에 대해서,

(2) n이 순환소수가 아니라면 n은 분수로 표현할 수 없다

는 역의 관계에 있으며, 둘 다 참이기 때문에

n은 순환소수가 아니다 $\Leftrightarrow$ n은 분수로 표현할 수 없다

역시 성립함을 알 수 있습니다.

여기까지 알게 된 점을 정리하면 다음과 같습니다.

실수 중에서 정수를 사용해 분수로 표현할 수 있는 수를 유리수라고 하고, 그렇지 않은 수를 무리수라고 합니다. 위의 표에서 유리수는 분수로 표현할 수 있으며, 순환소수(유한소수 포함)라는 점을 확인할 수 있습니다. 한편 무리수는 분수로 표현할 수 없고, 순환하지 않는 무한소수가 된다는 것을 알 수 있습니다. 무리수는 숫자가 불규칙적으로 계속 배열되는 무한소수가 된다는 점을 이와 같은 방법으로 알아보았습니다.

무리수는
닫혀 있지 않아요

여기에서 문제를 내 보겠습니다. 다음 네 가지의 계산 결과
는 실제 발생할 수 있을까요?

(1) (순환소수) + (순환소수) = (순환하지 않는 무한소수)

(2) (순환소수) × (순환소수) = (순환하지 않는 무한소수)

(3) (순환하지 않는 무한소수) + (순환하지 않는 무한소수)
    = (순환소수)

(4) (순환하지 않는 무한소수) × (순환하지 않는 무한소수) =
    (순환소수)

덧셈, 뺄셈, 곱셈, 나눗셈을 통틀어 **사칙연산**이라고 합니

다. 그러면 유리수의 덧셈에 대해 살펴봅시다. 두 개의 유리수 $\frac{a}{b}(b \neq 0)$, $\frac{c}{d}(d \neq 0)$가 있다고 하면

$$\frac{a}{b} + \frac{c}{d} = \frac{ad + bc}{bd}(bd \neq 0)$$

여기에서, $\frac{ad + bc}{bd}$는 분수이기 때문에 유리수가 됩니다. 이 점을 통해 유리수끼리 더할 경우 반드시 유리수가 된다는 것을 알 수 있습니다. 유리수끼리 뺄셈, 곱셈, 나눗셈을 한 결과 역시 유리수가 됩니다.

$$\frac{a}{b} - \frac{c}{d} = \frac{ad - bc}{bd}$$

$$\frac{a}{b} \times \frac{c}{d} = \frac{ac}{bd}$$

$$\frac{a}{b} \div \frac{c}{d} = \frac{ad}{bc}(bc \neq 0)$$

이처럼 유리수끼리 사칙연산을 한 결과는 반드시 유리수가 됩니다. 이런 성질을 가리켜 유리수는 사칙연산에 대해 **닫혀 있다**고 표현합니다.

그렇다면 무리수의 경우는 어떨까요? 예를 들어 $1 + \sqrt{2}$와 $1 - \sqrt{2}$는 무리수인데, 이 둘을 더한 결과는

$$(1 + \sqrt{2}) + (1 - \sqrt{2}) = 2$$

유리수가 됩니다. 무리수끼리 **뺄셈, 곱셈, 나눗셈**을 한 경우
에도

$$\sqrt{2} - \sqrt{2} = 0$$
$$\sqrt{2} \times \sqrt{2} = 2$$
$$\sqrt{2} \div \sqrt{2} = 1$$

과 같이 계산 결과, 무리수가 되지 않는 경우가 있습니다. 이
사실을 통해 무리수는 사칙연산에 대해 **닫혀 있지 않다**는 것
을 알 수 있습니다.

같은 방법으로 자연수, 정수, 실수에 대해 정리해 보면 다음
의 표와 같습니다. (단, 나눗셈에서는 0으로 나누는 경우는 고려
하지 않기로 합니다.)

그림 6-2

	덧셈	뺄셈	곱셈	나눗셈
자연수	○	×	○	×
정수	○	○	○	×
유리수	○	○	○	○
무리수	×	×	×	×
실수	○	○	○	○

예를 들어 자연수끼리 더하면 자연수가 되기 때문에, 자연
수는 덧셈에 대해 닫혀 있다는 것을 ○로 표시했습니다. 한
편, 자연수끼리 **뺄셈**을 하는 경우에는 음의 값을 취할 때가

있으므로 뺄셈에 대해서는 닫혀 있지 않아 ×라고 표시했습니다. 자연수와 정수는 나눗셈을 하면 소수가 되는 경우가 있으므로 나눗셈에 대해서는 닫혀 있지 않습니다. 앞의 표에서 유리수와 실수는 사칙연산에 대해 닫혀 있다는 것을 알 수 있습니다. 반면 무리수는 덧셈, 뺄셈, 곱셈, 나눗셈의 모든 연산에 대해 닫혀 있지 않다는 것을 알 수 있습니다.

그러면 처음에 낸 문제의 답을 찾았나요? 유리수는 순환소수이고, 무리수는 순환하지 않는 무한소수가 됩니다. 그러므로 이 점을 통해 다음과 같은 사실을 알 수 있습니다.

(1) '(순환소수) + (순환소수) = (순환하지 않는 무한소수)'는 '유리수 + 유리수 = 무리수'라는 의미이므로 이는 있을 수 없습니다.

(2) '(순환소수) × (순환소수) = (순환하지 않는 무한소수)'는 '유리수 × 유리수 = 무리수'라는 의미이므로 이 역시 있을 수 없습니다.

(3) '(순환하지 않는 무한소수) + (순환하지 않는 무한소수) = (순환소수)'는 '무리수 + 무리수 = 유리수'라는 의미이며, 이런 경우가 생길 수 있다는 것은 위에서 설명했습

니다.

(4) '(순환하지 않는 무한소수)×(순환하지 않는 무한소수)
= (순환소수)'는 '무리수×무리수 = 유리수'라는 의미이
며, 이 역시 있을 수 있습니다.

무리수를 분수로 나타내는 방법

무리수는

$$\frac{m}{n} \ (m, \ n\text{은 정수}, \ n \neq 0)$$

과 같은 분수로 표현하는 것이 불가능한 수였습니다. 그런데 어떤 특별한 형태를 한 분수를 사용하면 무리수 역시 분수를 사용하여 표현할 수 있습니다.

정수 $a(\neq 0)$를 양의 정수 b로 나눈 몫이 q_0, 나머지가 $r_0 \ (\neq 0)$일 때,

$$a = bq_0 + r_0 \ \ (0 < r_0 < b)$$

여기에서 q_0 값은 a가 양의 정수일 때는 $q_0 > 0$이고, a가 음의 정수일 때는 $q_0 < 0$이 됩니다. 양변을 b로 나누면

$$\frac{a}{b} = q_0 + \frac{r_0}{b}$$

우변을 변형하면

$$\frac{a}{b} = q_0 + \cfrac{1}{\cfrac{b}{r_0}} \quad (1)$$

분수의 분모에 다시 분수가 포함된 식이 되었습니다. 마찬가지로 $b\,(>0)$를 $r_0\,(>0)$으로 나눈 몫을 q_1, 나머지를 $r_1\,(\neq0)$이라고 하면

$$b = r_0 q_1 + r_1 \;(0 < r_1 < r_0)$$

여기에서 q_1 값은 양의 정수 b를 양의 정수 r_0로 나눈 몫이므로 $q_1 > 0$이 됩니다. 또한 $0 < r_0 < b$와 $0 < r_1 < r_0$에서

$0 < r_1 < r_0 < b$가 되므로, 나머지 r_1 값은 r_0 보다 작아진다는 점에도 주의하기 바랍니다. 위와 마찬가지로 식을 변형하면

$$\frac{b}{r_0} = q_1 + \cfrac{1}{\cfrac{r_0}{r_1}} \quad (2)$$

(2)를 (1)에 대입하면

$$\frac{a}{b} = q_0 + \cfrac{1}{q_1 + \cfrac{1}{\cfrac{r_0}{r_1}}}$$

이와 같은 계산을 반복하면 다음과 같은 식을 얻을 수 있습니다.

$$q_0 + \cfrac{1}{q_1 + \cfrac{1}{q_2 + \cfrac{1}{q_3 + \cdots}}}$$

(q_0 는 정수, q_1, q_2, q_3 은 양의 정수)

이와 같은 식을 **연분수**라고 합니다. 그리고 어떤 수를 연분수로 나타내는 것을 **연분수 전개**라고 합니다. 예를 들어 $\frac{61}{48}$ 을 연분수 전개하면

$$\frac{61}{48} = 1 + \frac{13}{48} = 1 + \cfrac{1}{\cfrac{48}{13}}$$

$$= 1 + \cfrac{1}{3 + \cfrac{9}{13}} = 1 + \cfrac{1}{3 + \cfrac{1}{\cfrac{13}{9}}}$$

$$= 1 + \cfrac{1}{3 + \cfrac{1}{1 + \cfrac{4}{9}}} = 1 + \cfrac{1}{3 + \cfrac{1}{1 + \cfrac{1}{\cfrac{9}{4}}}}$$

$$= 1 + \cfrac{1}{3 + \cfrac{1}{1 + \cfrac{1}{2 + \cfrac{1}{4}}}}$$

마지막 연분수에서는

$$\frac{1}{4} = \frac{1}{\cfrac{4}{1}} = \frac{1}{4}$$

이 되므로 전개가 종료됩니다.

다음으로는 $\sqrt{2}$ 를 연분수 전개해 봅시다. 먼저

$$\sqrt{2} - 1 = \frac{1}{\sqrt{2} + 1}$$

이므로,

$$\sqrt{2} = 1 + \frac{1}{\sqrt{2} + 1}$$

따라서,

$$\sqrt{2} = 1 + \frac{1}{\sqrt{2} + 1} = 1 + \cfrac{1}{2 + \cfrac{1}{\sqrt{2} + 1}}$$

$$= 1 + \cfrac{1}{2 + \cfrac{1}{2 + \cfrac{1}{\sqrt{2}+1}}}$$

$$= 1 + \cfrac{1}{2 + \cfrac{1}{2 + \cfrac{1}{2 + \cfrac{1}{\sqrt{2}+1}}}}$$

$$= 1 + \cfrac{1}{2 + \cfrac{1}{2 + \cfrac{1}{2 + \cfrac{1}{2 + \cfrac{1}{\ddots}}}}}$$

마지막의 ⋱은 동일한 전개가 무한히 계속되는 것을 의미합니다.

연분수를 사용하면 유리수와 무리수를 구별하는 또 하나의 방법을 제시할 수 있습니다. 주어진 수를 연분수 전개했을 때, 연분수 전개가 유한하게 종료되는 경우는 유리수이며, 유한하게 종료되지 않는 경우는 무리수입니다. 위의 예시에서 $\frac{61}{48}$의 연분수 전개는 유한하게 종료되었고, $\sqrt{2}$의 전개는 무한히 지속된다는 것을 알 수 있습니다. (연분수에 나타나는 수는 정수이므로, 분모가 $\sqrt{2}$를 포함한 식으로 종료될 수 없습니다.) 그렇다면 유리수를 연분수 전개하면 왜 반드시 유한하게

종료되는 것일까요? $\frac{61}{48}$의 연분수 전개에서는 몫과 나머지의
관계식을 사용했습니다.

$$61 = 48 \times 1 + 13$$

$$48 = 13 \times 3 + 9$$

$$13 = 9 \times 1 + 4$$

$$9 = 4 \times 2 + 1$$

$$4 = 1 \times 4$$

여기에서 $61 \div 48$, $48 \div 13$, $13 \div 9$, $9 \div 4$, $4 \div 1$로 나누어 발
생한 나머지를 사용해 나눗셈을 반복하면, 나누는 수와 나누
어지는 수가 점점 작아져 마지막에 1로 나누면 나머지가 0이
됩니다. 이렇게 나눗셈을 반복해 계산한 몫은 연분수에 나타
나는 수와 일치합니다.

$$\frac{61}{48} = ① + \cfrac{1}{③ + \cfrac{1}{① + \cfrac{1}{② + \cfrac{1}{④}}}}$$

이처럼 유리수의 경우에는 나눗셈을 반복하면 반드시 유한
하게 종료되므로, 연분수 전개 역시 유한하게 종료됩니다.

그렇다면 무리수를 연분수 전개하는 경우에는 왜 무한히 반

복되는 것일까요? 그 이유를 설명하기 위해 $\dfrac{61}{48}$ 의 연분수 전개를 역방향으로 다시 나열해 봅시다.

$$1 + \cfrac{1}{3 + \cfrac{1}{1 + \cfrac{1}{2 + \cfrac{1}{4}}}}$$

$$= 1 + \cfrac{1}{3 + \cfrac{1}{1 + \cfrac{1}{\cfrac{9}{4}}}}$$

$$= 1 + \cfrac{1}{3 + \cfrac{1}{1 + \cfrac{4}{9}}}$$

$$= 1 + \cfrac{1}{3 + \cfrac{1}{\cfrac{13}{9}}}$$

$$= 1 + \cfrac{1}{3 + \cfrac{9}{13}}$$

$$= 1 + \cfrac{1}{\cfrac{48}{13}} = 1 + \frac{13}{48} = \frac{61}{48}$$

마지막 연분수에서 역방향으로 식을 변형해 가면 원래의 수인 $\frac{61}{48}$로 돌아갑니다. 만약 무리수를 연분수 전개한 것이 유한하게 종료했다면, 결과에서 역방향으로 식변형을 하면 분수로 바꿔 쓸 수 있기 때문에 무리수는 분수로 나타낼 수 없다는 사실과 모순됩니다. 이를 통해,

· 유리수는 연분수 전개하면 유한하게 종료된다
· 무리수는 연분수 전개하면 무한히 계속된다

라는 사실을 알게 되었습니다. 이처럼 무리수를 연분수 전개하면 계산이 무한히 이어지는데, 이를 중간에 멈추면 무리수의 근삿값을 계산할 수 있습니다.

예를 들어 원주율 π를 연분수 전개하면

$$\pi = 3 + \cfrac{1}{7 + \cfrac{1}{15 + \cfrac{1}{1 + \cfrac{1}{292 + \cfrac{1}{1 + \cfrac{1}{\ddots}}}}}}$$

과 같이 무한히 전개됩니다. 그런데 이 연분수 전개 도중에 식을 추출하면 다음과 같이 원주율의 근삿값을 계산할 수 있

습니다.

$$3 = \underline{3}.000000$$

$$3 + \frac{1}{7} = \frac{22}{7} = \underline{3.14}28571428\cdots$$

$$3 + \cfrac{1}{7 + \cfrac{1}{15}} = \frac{333}{106} = \underline{3.1415}094339\cdots$$

$$3 + \cfrac{1}{7 + \cfrac{1}{15 + \cfrac{1}{1}}} = \frac{355}{113} = \underline{3.1415929}203\cdots$$

숫자 아래에 선을 그은 부분이 정확한 값입니다. 연분수를
전개할수록 더욱 근사한 값을 얻을 수 있습니다.

무리수를
작도해 봅시다

$\sqrt{2}$나 $\sqrt{3}$ 같은 무리수는 무한히 계속되는 소수가 되는데, 이런 값을 가진 점을 수직선상에 어떻게 그릴 수 있을까요? 먼저 xy 평면상에 있는 좌표 (1, 1)을 점 P라고 합시다. 이때

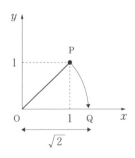

그림 6-3

선분 OP의 길이는 피타고라스의 정리에 의해 $\sqrt{2}$가 됩니다. 원점 O에 컴퍼스의 중심을 두고 OP를 반지름으로 하는 원호를 그려 생기는 x 축과의 교점을 Q라고 하면 OQ의 길이는 $\sqrt{2}$가 됩니다.

다음으로는 점 Q에서 길이가 1인 수선을 세우고 그것을 R이라고 하면, 선분 OR의 길이는 피타고라스의 정리에 의해 $\sqrt{3}$이 됩니다. 원점 O에 컴퍼스의 중심을 두고 OR을 반지름으로 하는 원호를 그려 생기는 x 축과의 교점을 S라고 하면, OS의 길이는 $\sqrt{3}$이 됩니다. 이것을 반복하면 x 축상에 $\sqrt{2}$,

$\sqrt{3}$, $\sqrt{4}$, $\sqrt{5}$, …의 점을 구할 수 있습니다.

그림 6-4

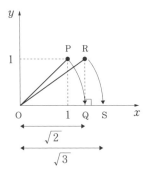

$\sqrt{n}$과 같은 수를 **루트 수**라고 합니다. 루트 수를 작도하는 방법 중에는 다음의 그림과 같은 **테오도루스 나선**이라고 불리는 방법이 잘 알려져 있습니다.

그림 6-5

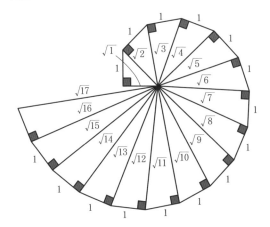

황금비

　선분을 둘로 나눴을 때 전체 길이와 긴 선분의 길이 비율이, 긴 선분과 짧은 선분의 길이 비율과 같은 것을 **황금비**라고 하며, 그리스어 ϕ(파이)로 표시합니다. 그럼 황금비의 값을 한번 계산해 볼까요? 먼저 선분을 $a : b(a > b > 0)$의 비율로 나눠 봅시다.

그림 6-6

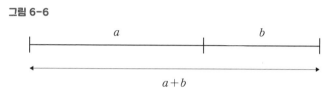

　$a : b$ 가 황금비라고 하면

$$(a + b) : a = a : b$$

따라서,

$$a^2 = b(a + b)$$

이를 식변형하면

$$\left(\frac{a}{b}\right)^2 - \frac{a}{b} - 1 = 0$$

$\phi = \dfrac{a}{b}$ 라고 하면

$$\phi^2 - \phi - 1 = 0$$

$$\therefore \phi = \frac{1 + \sqrt{5}}{2} = 1.6180339887\cdots$$

여기에서 ϕ 값은 순환하지 않는 무한소수이므로 무리수가 됩니다.

황금비는 인간이 보기에 가장 아름답게 느껴지는 비율이라고 합니다. 우리 주변에서 쉽게 찾아볼 수 있는 명함이나 신용카드의 가로세로 비율이 황금비에 가깝습니다. 역사적인 건축물이나 예술 작품에도 황금비가 많이 사용되었습니다.

황금비는 이차방정식 $\phi^2 - \phi - 1 = 0$을 만족시킵니다. 이 식을 변형하면

$$\phi^2 = \phi + 1$$

양변을 ϕ로 나눠서,

$$\phi = 1 + \frac{1}{\phi}$$
$$= 1 + \cfrac{1}{1 + \cfrac{1}{\phi}}$$

$$= 1 + \cfrac{1}{1 + \cfrac{1}{1 + \cfrac{1}{\phi}}}$$

$$= 1 + \cfrac{1}{1 + \cfrac{1}{1 + \cfrac{1}{1 + \cfrac{1}{\ddots}}}}$$

　황금비를 연분수로 나타내면 위와 같이 간결하고 보기 좋은 식이 됩니다. 황금비는 여러 가지 흥미로운 특징을 가지고 있으므로 관심 있는 독자들은 직접 더 많은 자료를 찾아봐도 좋을 것입니다.

7장

√2 가 무리수라는 사실은
어떻게 알 수 있을까요?

$$\sqrt{2} = 1.414213562373095048\cdots$$

은 무한히 이어지는 소수이며, 분수로 표현할 수 없다는 사실을 앞 장에서 살펴보았습니다. $\sqrt{2}$와 같은 수가 존재한다는 사실은 고대 그리스 시대의 피타고라스학파가 발견했습니다. 모든 수를 자연수의 비로써 분수로 나타낼 수 있다고 확신했던 피타고라스학파에게 한 변의 길이가 1인 정사각형의 대각선 길이인 $\sqrt{2}$의 존재는 충격이었을 것입니다. 그래서 그들은 이 발견을 비밀로 유지했다고 합니다.

루트를 포함한 루트 수는 중학교 3학년 때 배우며, $\sqrt{2}$가 무리수라는 사실도 배웁니다. $\sqrt{2}$가 무리수라는 증명에 대해서는 고등학교 수학 시간에 배우게 됩니다. 고등학교 교과서에서는 귀류법이라는 방법으로 이를 증명하고 있습니다. 이 증명은 중학생들도 이해할 수 있는 난이도이므로, 다음의 내용에서 살펴봅시다.

귀류법이란 무엇일까요?

$\sqrt{2}$가 무리수라는 사실은 $\sqrt{2}$가 유리수가 아니라는 의미입니다. 여기에서 만약 $\sqrt{2}$가 유리수라고 가정하면 어떻게 될까요? 유리수는 정수를 사용하여 분수로 표현할 수 있는 수입니다. $\sqrt{2}$는 양수이므로 분수로 표현할 수 있다면,

$$\sqrt{2} = \frac{m}{n}$$

을 만족하는 자연수 m, n이 존재한다는 뜻이 되지요. 여기에서 $\frac{m}{n}$의 분자와 분모는 1 이외의 공약수를 가지지 않는다(기약분수)고 합시다. 분자와 분모가 1 이외의 공약수를 가지는 경우에는 약분하여 기약 분수로 만들 수 있습니다. 자연수 m, n이 1 이외의 공약수를 가지지 않을 때, m과 n은 **서로소** 관계에 있다고 표현합니다.

위의 식에서 양변을 제곱해도 등식이 성립하기 때문에,

$$2 = \left(\frac{m}{n}\right)^2 = \frac{m^2}{n^2}$$

이를 식변형하면

$$m^2 = 2n^2$$

위의 식에서 m^2은 2의 배수이고 짝수가 된다는 것을 알 수 있습니다. $3^2 = 9$, $5^2 = 25$의 경우처럼 홀수를 제곱하면 반드시 홀수가 되므로, m^2이 짝수라면 m도 짝수가 되어야 합니다. 여기에서

$$m = 2k \,(k\text{는 자연수})$$

라고 합시다. 이 m 값을 $m^2 = 2n^2$에 대입해서 식변형하면

$$(2k)^2 = 2n^2$$
$$4k^2 = 2n^2$$
$$2k^2 = n^2$$

$n^2 = 2k^2$에 따라 n^2은 짝수가 됩니다. 그러므로 위와 같은 이유로 n 역시 짝수여야 함을 알 수 있습니다. 그 결과 m과 n

은 모두 짝수가 됩니다. 그러나 m과 n은 서로소이고 1 이외의 공약수를 가지지 않는다고 가정했습니다. m과 n이 모두 짝수라면 공약수 2를 가지게 되기 때문에, 가정과 모순됩니다.

도대체 어디에서 이렇게 이상한 현상이 발생했을까요? 증명의 흐름을 다시 한 번 정리해 봅시다.

1. $\sqrt{2}$가 유리수라고 하자.
2. 이때 $\sqrt{2}$를 분수로 표현할 수 있으므로,

$$\sqrt{2} = \frac{m}{n} \cdots (*)$$

이 되는 서로소인 자연수 m, n이 존재한다.
3. $(*)$이 성립한다고 하면 m, n은 모두 짝수가 된다.
4. 이것은 m과 n이 서로소라는 가정과 모순된다.

증명의 식변형은 수학적으로는 문제가 없기 때문에, 이런 모순이 도출된 원인은 '$\sqrt{2}$가 유리수라고 한다'는 가정 자체가 틀렸다는 결론이 됩니다. 따라서 '$\sqrt{2}$가 유리수라고 한다'는 가정에 오류가 있다는 것, 다시 말해

$$\sqrt{2} \text{는 유리수가 아니다(무리수이다)}$$

가 옳은 결론이 됩니다.

이처럼 수학적 사실을 증명하기 위해 그 사실이 성립하지 않는다고 가정하면 모순이 발생하는 경우를 제시한 다음, 그렇기 때문에 수학적 사실이 성립한다는 결론을 내리는 증명 방법을 **귀류법**이라고 합니다. 여기에서 '모순'이란 '앞뒤가 맞지 않는 것'을 뜻합니다. 이 말은 중국의 《한비자》라는 책에 실린 다음과 같은 유명한 일화에서 유래했습니다.

옛날 초나라에 창과 방패를 파는 상인이 있었다. 그는 "이 방패는 튼튼해서 아무것도 이것을 뚫을 수 없습니다."라고 말하면서 방패를 팔았고, 한편으로는 "이 창은 날카로워서 무엇이든 뚫어 버릴 수 있습니다."라고 말하면서 창을 팔았다. 그러자 어떤 사람이 "당신이 파는 창으로 당신이 파는 방패를 찔러 보면 어떻게 됩니까?"라고 물었고, 상인은 아무 대답도 할 수 없었다.

그림 7-1

모순이 증명되면 안 되는 이유는 무엇일까요?

앞에서 귀류법을 설명하면서 '모순'이라는 말을 사용했는데, 이 단어의 수학적인 의미는 무엇일까요? '모순'이라는 개념은 수학적으로 어떻게 정의되는 것일까요?

수학에서는 옳은지(참) 옳지 않은지(거짓) 판단할 수 있는 문장이나 식을 **명제**라고 합니다. 예를 들어,

이등변 삼각형의 두 개의 밑각의 크기는 같다

는 참인 명제이고,

이등변 삼각형의 두 개의 밑각의 크기는 같지 않다

는 거짓인 명제입니다. 앞의 1장에서 정의와 공리를 사용해 논리적으로 도출한 사실을 '정리'라고 부른다고 설명했는데, 정리는 참인 명제입니다. 수학에서는 어떤 명제와 그 부정이

동시에 참이 되는 경우를 **모순**이라고 합니다. 다시 말해 '이등변 삼각형의 두 개의 밑각의 크기는 같다'와 '이등변 삼각형의 두 개의 밑각의 크기는 같지 않다'가 동시에 참이 되는 경우, 이것을 모순이라고 합니다.

여기에서 문제를 내 보겠습니다. 다음의 (1)과 (2)의 방정식의 차이는 무엇일까요?

$$(1)\ (x-2)(x-3)=0$$

$$(2)\ \begin{cases} x-2=0 \\ x-3=0 \end{cases}$$

(1)을 풀면

$$x-2=0 \ \text{또는} \ x-3=0$$

$$\therefore x=2 \ \text{또는} \ x=3$$

(2)를 풀면

$$x-2=0 \ \text{그리고} \ x-3=0 \text{이므로}$$

$$x=2 \ \text{그리고} \ x=3$$

$$\therefore \text{해가 없음}$$

여기에서 '또는'과 '그리고'의 차이에 주의하기 바랍니다.

(1)의 경우, '$x=2$ 또는 $x=3$'이라는 것은 2 또는 3 중 어

느 하나가 해가 된다는 뜻입니다. 이에 비해 (2)의 연립방정식을 푸는 과정에서 '$x = 2$이고 $x = 3$'이라는 것은 $x = 2$와 $x = 3$이 동시에 성립한다는 뜻입니다. 그러나 $x = 2$와 $x = 3$을 동시에 만족하는 x 값은 존재하지 않기 때문에, 해는 없습니다.

위에서 언급한 '$x = 2$ 그리고 $x = 3$'은

$$x = 2 \text{ 그리고 } x \neq 2$$

라고 바꾸어 말할 수 있습니다. 이것은 $x = 2$라는 등식과 그 부정인 $x \neq 2$가 동시에 참이라고 말하는 것이기 때문에 모순입니다.

명제를 A, 그 부정을 ~A라고 나타내면

$$\text{A이면서 동시에 } \sim A$$

가 참일 때, 수학에서는 이것을 모순이라고 합니다.

그러면 지금부터 귀류법에 대해 정리해 봅시다.

1. 명제 A를 증명하려 한다.
2. 명제 A가 성립하지 않는다(거짓이다)고 가정한다.
3. 이때 어떤 명제 B에 대해 B이면서 동시에 ~B가 참이 된다(모순).

4. 따라서 명제 A가 성립하지 않는다고 한 가정이 잘못되었다.

5. 그러므로 명제 A는 성립한다(참이다).

$\sqrt{2}$가 무리수라는 것을 증명하려면 명제

$$A : \sqrt{2} \text{ 는 무리수이다}$$

라는 것을 증명하기 위해, A가 성립하지 않는다는 것, 다시 말해 $\sqrt{2}$가 유리수이고 분수로 표현할 수 있다고 하면, 명제

$$B : \text{ 자연수 } m, \, n \text{ 이 서로소이다}$$

와 그 부정인

$$\sim B : m \text{과 } n \text{이 서로소가 아니다}$$

가 동시에 참이 되어 모순이 되는 것입니다.

그렇다면 왜 모순이 일어나면 안 되는 것일까요? 수학에서는 정의와 공리를 사용해 논리적으로 전개할 수 있는 사실은 참인 명제가 됩니다. 따라서 증명 도중에

$$B \text{이면서 동시에 } \sim B$$

라고 전개되는 경우, 'B이면서 동시에 ~B'는 참인 명제가 됩니다. 이때 명제 B와 그 부정인 ~B는 모두 참이 됩니다. 여기에서 명제 C를

$$C : 1 = 2$$

라고 하고,

$$B \text{ 또는 } C$$

라는 명제에 대해 생각해 봅시다. 'B 또는 C'는 B와 C 둘 중 어느 하나가 참일 때 참이 됩니다. 지금 B가 참이기 때문에, 'B 또는 C'는 참이 됩니다. 그런데 명제 ~B도 참이었습니다. 그렇다면 'B 또는 C'와 B의 부정인 ~B가 동시에 참이 되기 위해서는 명제 C 역시 참이어야 합니다. 다시 말해 B와 그 부정인 ~B가 동시에 참일 경우, 명제 '1 = 2'가 참이 된다는 것이 증명되었습니다. 이 증명에서 명제 C 대신 명제 D

$$D : 1 = 0$$

이라고 생각해 보면, '1 = 0'도 참이 된다는 것이 증명됩니다.

그림 7-2

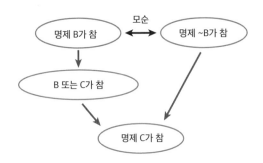

이처럼 모순되는 명제가 참인 경우, 모든 명제가 참이라고 증명되는 것입니다. 모든 명제가 참이라고 증명된다면 거짓인 명제도 참이 되기 때문에 곤란한 상황이 발생합니다. 따라서 수학에서 증명을 하는 도중에 모순이 발생하면, 그 모순이 발생하는 원인이 되는 가정이 성립하지 않는다는 뜻이 됩니다. 만약 그 가정이 성립한다고 인정되면 모순된 명제가 증명되는 것이기 때문에, 모든 사실이 참이 되므로 수학의 정리는 의미가 없어집니다.

귀류법에서 명제 A를 증명하려 할 때, A가 성립하지 않는다고 가정하면 모순이 발생하기 때문에 A가 성립한다고 결론을 내렸습니다. 이것은 명제 A에 대해 긍정이나 부정 중 어느 하나가 성립하고, 둘 다 성립하지 않는 경우는 없다고 하는다음과 같은 규칙을 전제로 합니다.

A와 ~A 둘 중 어느 하나만 참

이와 같은 규칙을 **배중률(배중 원리)**이라고 합니다. 또한 귀류법은 A가 참이라는 것을 직접 증명하지 않고, 그 부정인 ~A가 거짓이라는 사실을 통해 간접적으로 A가 참임을 증명하는 방법입니다.

$\sqrt{2}$가 무리수라는 것을 증명할 때, '$\sqrt{2}$는 무리수이다 또는 무리수가 아니다(유리수이다)'라는 배중률이 성립하며, $\sqrt{2}$는 무리수가 아니라는 명제가 거짓임이 증명되었기 때문에 $\sqrt{2}$는 무리수라는 결론을 도출했습니다.

그림 7-3

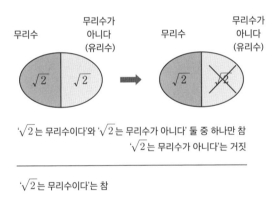

'$\sqrt{2}$는 무리수이다'와 '$\sqrt{2}$는 무리수가 아니다' 둘 중 하나만 참
'$\sqrt{2}$는 무리수가 아니다'는 거짓
_____
'$\sqrt{2}$는 무리수이다'는 참

귀류법은 수학의 증명 문제를 풀 때도 매우 편리합니다. 앞의 2장에서 소개한 페르마의 정리를 떠올려 보세요.

n이 3 이상인 자연수일 때, $x^n + y^n = z^n$을 만족하는 자연수 x, y, z의 순서쌍 (x, y, z)는 존재하지 않는다

역시 귀류법으로 증명된 것입니다. 한편 귀류법은 명제를 직접 증명하지 않고, 명제의 부정에서 모순을 이끌어 내는 '간접적인' 증명입니다. 수학자들 중에서도 이처럼 간접적으로 증명하는 것을 받아들이기 어려워하는 사람들이 있었습니다. 20세기 네덜란드의 수학자 브라우어는 모든 명제의 증명은 직접적으로 구성되어야 한다고 주장했습니다. ~A가 성립하지 않는다는 사실이 증명되었다 해도, 그것이 A가 성립한다는 사실의 증명은 될 수 없다는 것입니다. 이러한 사고방식은 논증 수학에서 배중률 'A와 ~A 둘 중 어느 하나만 참'을 가정하지 않는 **직관주의**라고 불리는 사상을 탄생시켰습니다.

존재하는 것과
존재하지 않는 것

배중률은 수학에서 다양한 증명을 하는 데 사용됩니다. 다음 문제에 대해 함께 생각해 볼까요?

a^b이 유리수가 되는 두 개의 무리수 a, b가 존재한다는 사실을 증명하시오.

무리수 a를 무리수 b로 b제곱해서 유리수가 되는 경우가 과연 존재할까요? 여기에서 지수 b가 무리수일 경우, 예를 들어

$$2^{\sqrt{2}}$$

의 의미는,

$$2^{1.4},\ 2^{1.41},\ 2^{1.414},\ 2^{1.4142}\ldots$$

처럼 2^b에서 b 값을 무한정 $\sqrt{2}$에 가깝게 만들었을 때의 값을 말합니다. 위의 문제는 다음과 같이 증명할 수 있습니다.

(증명) $\sqrt{2}$는 무리수이다. 이때, $\sqrt{2}^{\sqrt{2}}$은 유리수나 무리수 중 어느 하나입니다.

· $\sqrt{2}^{\sqrt{2}}$이 유리수인 경우, $a = b = \sqrt{2}$라고 하면 a^b은 유리수입니다.

· $\sqrt{2}^{\sqrt{2}}$이 무리수인 경우, $a = \sqrt{2}^{\sqrt{2}}$, $b = \sqrt{2}$라고 하면,

$$a^b = (\sqrt{2}^{\sqrt{2}})^{\sqrt{2}}$$

$$= (\sqrt{2})^{\sqrt{2} \times \sqrt{2}} = \sqrt{2}^2 = 2$$

가 되므로 유리수를 얻을 수 있습니다.

(증명 종료)

이 증명에서는 $\sqrt{2}^{\sqrt{2}}$이 유리수인 경우와 무리수인 경우를 나눠 생각했는데, 각각의 경우에 a^b이 유리수가 되는 두 개의 무리수 a, b가 존재한다는 사실을 제시했습니다.

그런데 $\sqrt{2}^{\sqrt{2}}$은 유리수와 무리수 중 어느 쪽에 속하는 것일까요? 이 증명에서는 유리수인지 무리수인지 제시되어 있지 않습니다. 따라서 a, b 값은 결국 $a = b = \sqrt{2}$라고 하면 되

는지, 아니면 $a = \sqrt{2}^{\sqrt{2}}$, $b = \sqrt{2}$라고 하면 되는지 알 수 없습니다. 이 문제는 'a^b이 유리수가 되는 무리수 a, b를 구하라'가 아니라, 'a^b이 유리수가 되는 두 개의 무리수 a, b가 존재한다는 사실을 증명하라'라는 것이었기 때문에 $\sqrt{2}^{\sqrt{2}}$이 유리수인지, 무리수인지에 대해서는 묻지 않았습니다. $\sqrt{2}^{\sqrt{2}}$이 유리수와 무리수 중 어느 하나인 경우에도 a^b 값이 유리수가 되는 무리수 a, b가 존재한다는 사실이 제시되었기 때문에, 증명 자체는 옳은 것입니다. 이 증명에서

$\sqrt{2}^{\sqrt{2}}$은 유리수 또는 무리수 중 어느 하나에 속한다

라는 부분에서 배중률이 사용되었습니다.

한편 $\sqrt{2}^{\sqrt{2}}$이 유리수인지 무리수인지를 제시하는 것은 간단하지 않습니다.(실제로 $\sqrt{2}^{\sqrt{2}}$은 무리수가 됩니다.) 이처럼 A와 ~A 중 어느 하나만 참이라는 배중률이 성립할지는 모르지만, A 혹은 ~A 중 어느 것이 참이 될지 알 수 없는 경우는 그 밖에도 몇 가지가 있습니다. 예를 들어 다음의 명제 A에 대해 살펴봅시다.

A : 원주율에는 0이 20개 연속 나타나는 부분이 존재한다

이때 A의 부정은

~A : 원주율에는 0이 20개 연속 나타나는 부분이 존재하지
　　 않는다

가 됩니다. 이때 원주율은 0이 20개 연속 나타나거나 나타나
지 않거나 둘 중 하나가 되기 때문에, A와 ~A 중 어느 하나
만 참이라는 배중률은 반드시 성립합니다. 그러나 A를 증명
하기 위해서는 원주율에 0이 20개 연속 나타날 때까지 계속
계산해야 합니다. (아직까지 0이 20개 연속 나타나는 부분은 발
견되지 않았습니다.)

　한편 원주율의 무한히 이어지는 소수를 모두 알 수 없기 때
문에 ~A를 증명하는 것은 (A가 옳다는 것이 밝혀졌고 ~A가
반증되지 않는 한) 불가능합니다. 다시 말해 A와 ~A 둘 중 어
느 하나만 참이라는 것은 틀림없지만 A 또는 ~A 중에서 어
느 것이 옳은지는 알 수 없습니다.

　여기에서 다음과 같은 질문을 한 가지 해 보겠습니다.

　소수는 무한한 개수가 존재한다는 것을 증명하시오.

　소수란 1과 자기 자신 이외에 약수를 가지지 않는 자연수를
말합니다. 가장 작은 소수는 2이고 2, 3, 5, 7, …처럼 계속 이
어집니다. 소수가 무한개 존재한다는 것을 어떻게 증명하면 좋

을까요? 이 문제 역시 귀류법을 사용해 증명할 수 있습니다.

(증명) 소수는 유한한 개수이고, 이 소수들을 p_1, p_2, $\cdots$ p_k, ($k > 1$)라고 가정합니다. 그리고 이 소수들을 모두 곱해서 1을 더한 수를 N이라고 합니다.

$$N = p_1 \times p_2 \times \cdots \times p_k + 1$$

N은 p_1, p_2, $\cdots$, p_k의 어느 소수로 나누어도 1이 남기 때문에 N은 1과 N 이외에는 나누어떨어지지 않는 소수가 됩니다. 한편 N은 p_1, p_2, $\cdots$, p_k의 어느 소수와도 같지 않으므로 이 것은 소수가 유한한 개수(k개)라는 가정과 모순됩니다. 따라서 소수는 무한개 존재합니다.

(증명 종료)

이 증명에서 소수가 유한개 존재한다고 가정하면, 유한개의 소수에 포함되지 않은 새로운 소수가 존재해서 모순이 발생한다는 점을 통해 소수가 무한개 존재한다는 결론을 내렸습니다. 이 증명 가운데서도 '소수는 유한개 또는 무한개 중 어느 한쪽에 속한다'는 부분에서 배중률이 사용되었습니다.

위에서 두 가지 문제를 살펴보았는데, 첫 번째 문제는 a^b이 유리수가 되는 두 개의 무리수 a, b가 존재한다는 것을 증명하는 문제였습니다. 이 경우에는 a^b이 유리수가 되는 무리수 a와 b의 구체적인 사례를 하나라도 제시할 수 있다면 증명이 종료됩니다. 여기에서 배중률 '$\sqrt{2}^{\sqrt{2}}$은 유리수 혹은 무리수 중 어느 한쪽에 속한다'를 사용해서 $\sqrt{2}^{\sqrt{2}}$이 유리수인 경우와 무리수인 경우를 나누어 구체적인 예시를 제시해 증명이 종료되었습니다.

두 번째 문제에서는 소수가 무한개 존재한다는 것을 증명했습니다. 소수가 무한개 존재한다는 것은 가장 큰 소수가 존재하지 않는다는 의미입니다. 일반적으로 '존재하지 않는다는 것'을 증명하기란 '존재하는 것'을 증명하는 것보다 어렵습니다. 앞서 원주율에 0이 20개 연속 나타나는 부분이 존재하지 않는다는 것을 증명하는 것은 사실상 불가능하다는 점을 설명했습니다. 이처럼 '소수는 무한개 존재한다(= 최대 소수가 존재하지 않는다)'를 직접 증명하는 것은 어렵기 때문에, '소수는 유한개 존재한다(= 최대 소수가 존재한다)'고 가정한 다음 귀류법을 사용하여 증명한 것입니다.

소수 문제 중에는 '존재하는 것과 존재하지 않는 것'을 증명하는 문제가 정말 많습니다. 그런 경우

· 존재하는 것을 증명하기 위해서는 구체적인 사례를 한 가지 찾는다
· 존재하지 않는 것을 증명하기 위해서는, 존재한다고 가

정했을 때 모순이 발생하는 것을 증명한다

라는 방침하에 생각해 보면 문제를 푸는 데 도움이 될 것입니다. 물론 문제를 항상 쉽게 풀 수 있는 것은 아닙니다. 존재하는 것을 증명하기 위해 구체적인 사례를 찾는 것이 어려운 문제도 있기 때문입니다.

여러 가지 증명

$\sqrt{2}$가 무리수라는 것에 대한 증명 중에서는 이번 장 맨 앞 부분에서 설명한 증명이 흔히 잘 알려져 있고, 이 증명은 고 등학교 교과서에 나오기도 합니다. 그 외에도 여러 가지 증명 이 존재하는데, 그중 몇 가지를 소개해 보겠습니다.

(증명 1) $\sqrt{2}$를 유리수라고 가정하고 분수로 표현합니다.

$$\sqrt{2} = \frac{m}{n}$$

여기에서 m과 n은 서로소인 자연수입니다. 양변을 제곱하 여 식을 변형하면

$$m^2 = 2n^2$$

여기에서 m과 n을 소인수분해한 것을

$$m = 2^p 3^q 5^r \cdots$$

$$n = 2^s 3^t 5^u \cdots$$

(p, q, r, s, t, u는 0 또는 자연수)라고 합시다. 여기에서 소인수분해란 자연수를 소수의 곱으로 나타낸 식을 의미하며, 1 이외의 자연수에 대해 단 한 가지로 결정됩니다. $m^2 = 2n^2$ 에 따라,

$$2^{2q} 3^{2q} 5^{2r} \cdots = 2^{2s+1} 3^{2t} 5^{2u} \cdots$$

여기에서 소인수 2의 지수를 비교하면

$$2p = 2s + 1$$

이므로, 짝수 = 홀수가 되기 때문에 모순이 발생합니다. 그러므로 귀류법에 따라 $\sqrt{2}$는 무리수가 됩니다.

(증명 2) 증명 1에서 $m^2 = 2n^2$이라고 한 다음 아래와 같이 증명할 수도 있습니다. m과 n은 자연수이므로 일의 자릿수는 0부터 9 중 어느 한 숫자가 됩니다. m의 일의 자릿수가 1이면 m^2의 일의 자릿수는 1이 됩니다. m의 일의 자릿수가 2일 때 m^2의 일의 자릿수는 4가 됩니다. m의 일의 자릿수가 3일 때 m^2의 일의 자릿수는 9가 됩니다. 이렇게 생각해 보면 자연수

m과 n을 제곱한 숫자 m^2과 n^2의 일의 자릿수는 0, 1, 4, 5, 6, 9 중 어느 하나가 됩니다. 이때 $2n^2$의 일의 자릿수는 위의 수를 두 배 한 수의 일의 자릿수인 0, 2, 8 중 어느 하나가 됩니다.

$m^2 = 2n^2$에 따라 m^2의 일의 자릿수는 위의 두 가지에 모두 포함되는 숫자인 0이 되며, 두 배를 하여 0이 되는 n^2의 일의 자릿수는 0 또는 5가 됩니다. 이 사실을 통해 m은 10의 배수, n은 5의 배수라는 것을 알 수 있으며, m과 n이 서로소라는 가정과 모순됩니다.

이것은 러시아의 한 수학자가 고등학생 때 발견한 증명입니다.

(증명 3) 도형을 사용하여 증명하는 방법도 있습니다.

한 변의 길이가 1인 직각 이등변 삼각형의 빗변의 길이가 유리수 $\dfrac{m}{n}$이라고 합시다. 이때 세 변의 길이를 n배 하면 빗변의 길이가 m이고 등변의 길이가 n인 직각 이등변 삼각형이 됩니다.

한편 이 직각 이등변 삼각형 내부에 빗변의 길이가 $2n - m$이고 등변의 길이가 $m - n$인

그림 7-4

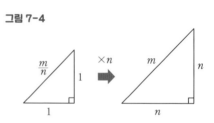

직각 이등변 삼각형을 작도할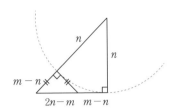

그림 7-5

수 있습니다.

이처럼 세 변의 길이가 자연수인 직각 이등변 삼각형이 존재한다면, 그 내부에 원래의 삼각형과 닮은꼴이고 세 변의 길이가 자연수인 직각 이등변 삼각형을 계속해서 그릴 수 있다는 뜻이 됩니다. 그러나 한편으로는 내부에 그린 삼각형의 변의 길이는 점점 짧아지는데, 자연수의 최솟값은 1이기 때문에 삼각형을 무한정 반복하여 그릴 수 없으므로 모순이 발생합니다.

위에서 소개한 증명은 모두 귀류법을 사용했는데, 귀류법을 사용하지 않는 증명에 대해서도 생각해 볼 수 있습니다.

(증명 4) 자연수 m과 n이 서로소일 때, m과 n을 소인수 분해한 것을

$$m = 2^p 3^q 5^r \cdots$$

$$n = 2^s 3^t 5^u \cdots$$

(p, q, r, s, t, u는 0 또는 자연수)라고 합시다. 이때 m^2과 $2n^2$을 비교하면,

$$m^2 = 2^{2p}3^{2q}5^{2r}\cdots$$

$$2n^2 = 2^{2s+1}3^{2t}5^{2u}\cdots$$

소인수 2의 지수는 홀짝이 일치하지 않기 때문에

$$m^2 \neq 2n^2$$

양변의 양의 제곱근을 생각해 보면

$$m \neq \sqrt{2}\,n$$

$n \neq 0$ 에 따라,

$$\sqrt{2} \neq \frac{m}{n}$$

다시 말해 $\sqrt{2} \neq \dfrac{m}{n}$ 이 되고, 서로소인 자연수 m 과 n 은 존재하지 않는다는 것이 증명되었습니다.

**다중
근호**

$\sqrt{2}$가 무리수라는 것을 알아보았습니다.

그렇다면 $\sqrt{2+\sqrt{2}}$는 무리수일까요, 유리수일까요?

실제로 한번 확인해 보겠습니다. 만약 $\sqrt{2+\sqrt{2}}$가 유리수라면, 서로소인 자연수 m과 n을 사용하여

$$\sqrt{2+\sqrt{2}} = \frac{m}{n}$$

처럼 분수로 나타낼 수 있습니다. 양변을 제곱해 식변형하면,

$$2+\sqrt{2} = \frac{m^2}{n^2}$$

$$\sqrt{2} = \frac{m^2}{n^2} - 2$$

$\frac{m^2}{n^2} - 2$는 유리수이므로 모순이 발생합니다. 따라서

$\sqrt{2+\sqrt{2}}$는 무리수라는 것을 알 수 있습니다. 이처럼 루트

안에 루트가 들어가 있는 수를 **다중 근호**라고 합니다. 예를 들어 한 변의 길이가 1인 정오각형의 높이는 $\frac{1}{2}\sqrt{5+2\sqrt{5}}$ 가 됩니다. 다중 근호 중에는 일반 루트 수로 바꿔 쓸 수 있는 것도 있습니다. 예를 들어 다음의 식은 양변을 제곱하면 좌변과 우변의 값이 같아짐을 알 수 있습니다.

$$\sqrt{3+2\sqrt{2}} = 1+\sqrt{2}$$

그리고

$$\sqrt{2+\sqrt{2+\sqrt{2+\cdots}}}$$

처럼 다중 근호가 무한히 계속되는 식을 **무한 다중 근호**라고 합니다. x를

$$x = \sqrt{2+\sqrt{2+\sqrt{2+\cdots}}}$$

라고 두고 양변을 제곱하면

$$x^2 = 2+\sqrt{2+\sqrt{2+\sqrt{2+\cdots}}}$$

여기에서 우변은 $2+x$와 같으므로,

$$x^2 = 2+x$$

가 됩니다. 이차방정식

$$x^2 - x - 2 = (x - 2)(x + 1) = 0$$

을 풀면 $x = 2$ 또는 $x = -1$이 됩니다. 그리고 x 값은 양수이므로 $x = 2$가 됩니다. 따라서

$$2 = \sqrt{2 + \sqrt{2 + \sqrt{2 + \cdots}}}$$

무한 다중 근호의 값이 자연수 2와 같아졌습니다. 이 식은 과연 옳은 것일까요?

다중 근호 값을 실제로 계산해 보면 다음과 같습니다.

$$\sqrt{2} = 1.41421356237\cdots$$

$$\sqrt{2 + \sqrt{2}} = 1.84775906502\cdots$$

$$\sqrt{2 + \sqrt{2 + \sqrt{2}}} = 1.96157056081\cdots$$

$$\sqrt{2 + \sqrt{2 + \sqrt{2 + \sqrt{2}}}} = 1.99036945334\cdots$$

$$\cdots$$

$$\sqrt{2 + \sqrt{2 + \sqrt{2 + \sqrt{2\cdots}}}} = 2$$

위에서 $\sqrt{2}$, $\sqrt{2 + \sqrt{2}}$, $\sqrt{2 + \sqrt{2 + \sqrt{2}}}$, $\cdots$는 모두 무리수이지만, 루트를 여러 번 겹쳐 계산을 반복하면 그 값이 점차 2에 가까워집니다. 이런 방법으로 무한 다중 근호 값이 유

리수와 같아지는 경우가 있다는 것을 알 수 있습니다.

$$2 = \sqrt{2 + \sqrt{2 + \sqrt{2 + \sqrt{2 + \cdots}}}}$$

$$3 = \sqrt{6 + \sqrt{6 + \sqrt{6 + \sqrt{6 + \cdots}}}}$$

$$4 = \sqrt{12 + \sqrt{12 + \sqrt{12 + \sqrt{12 + \cdots}}}}$$

$$5 = \sqrt{20 + \sqrt{20 + \sqrt{20 + \sqrt{20 + \cdots}}}}$$

앞의 6장에서 이차방정식 $\phi^2 = 1 + \phi$를 만족하는 ϕ의 값을 황금비라고 소개했습니다. $\phi > 0$이므로,

$$\phi = \sqrt{1 + \phi}$$

$$= \sqrt{1 + \sqrt{1 + \phi}}$$

$$= \sqrt{1 + \sqrt{1 + \sqrt{1 + \phi}}}$$

$$= \sqrt{1 + \sqrt{1 + \sqrt{1 + \sqrt{1 + \phi}}}}$$

$$\cdots$$

$$= \sqrt{1 + \sqrt{1 + \sqrt{1 + \sqrt{1 + \cdots}}}}$$

이처럼 황금비를 무한 다중 근호로 나타내면 간결하면서 보기 좋은 식이 됩니다.

일상생활 속의 $\sqrt{2}$

    일상생활에서 우리가 흔히 사용하는 용지의 규격은 크게 A 와 B로 나눌 수 있습니다. 예를 들어 복사 용지는 일반적으로 A4를 사용하며, 교과서는 B5 사이즈인 경우가 많습니다. 이러한 용지들은 '루트 직사각형'이라고 불리는데, 가로세로 비율은 약 $1 : \sqrt{2}$입니다. 이 비율을 **'백은비**(silver ratio)'라고 하는데, 길이가 긴 쪽의 변 $\sqrt{2}$를 절반으로 나누면

$$1 : \frac{\sqrt{2}}{2} = \sqrt{2} : 1$$

이 되어, 가로세로가 같은 비율의 직사각형을 얻을 수 있습니다. 용지의 가로세로 비율을 백은비로 만들면, 한 사이즈의 용지를 절반으로 재단할 경우 어떤 크기의 용지든 모두 만들 수 있기 때문에 낭비가 발생하지 않습니다.

841mm×1189mm 크기의 종이를 A0판, A0판을 반으로 자르면 A1판이라고 합니다. A1판을 다시 반으로 자

그림 7-6

백은 직사각형

르면 A2판이 됩니다. 같은 방법으로 1030mm×1456mm 크기의 종이는 B0판, B0판을 반으로 자르면 B1판, B1판을 반으로 자르면 B2판, …이라고 합니다.

또한 카메라 렌즈의 밝기를 표시하는 지표로 F 값이 있습니다. F 값이 작을수록 렌즈를 통과하는 빛의 양이 많아지며, 반대로 F 값이 클수록 렌즈를 통과하는 빛의 양이 작아집니다. 대표적인 F 값으로는

$$1 \quad 1.4 \quad 2 \quad 2.8 \quad 4 \quad 5.6 \quad 8 \quad 11 \quad 16 \quad \cdots$$

이 있으며, F 값이 1에서 1.4로 증가하면 카메라에 들어가는 빛의 양은 2분의 1로 줄어듭니다. 그리고 F 값이 1.4에서 2로 증가하면 추가로 2분의 1이 줄어듭니다. 이처럼 F 값이 1씩 오른쪽으로 옮겨 감에 따라 값은 약 $\sqrt{2}$ 배가 됩니다. 그 이유는 카메라에 들어가는 빛의 양은 빛을 통과하는 구멍(조리개)의 넓이에 비례하는데 조리개의 모양이 원이라고 할 때, 원의 지름의 길이가 $\dfrac{1}{\sqrt{2}}$ 이 되면 원의 넓이는 절반이 되기 때문에 밝기가 줄어드는 것입니다. F 값은 조리개 원의 지름 길이에 반비례하는 값이라고 정의되어 있으므로, F 값이 2배가 되면 빛의 양은 절반으로 줄어들게 됩니다.

8장

유리수의 개수가 많을까요, 무리수의 개수가 많을까요?

-2, $\dfrac{1}{3}$, 0.5와 같은 수를 유리수라고 하고, $\sqrt{2}$, π와 같은 수를 무리수라고 합니다. 그렇다면 유리수와 무리수 중에서는 어떤 수의 개수가 더 많을까요? 중고등학교 수학 교과서에서는 유리수와 무리수 모두 무한개 존재한다고 설명하고 있을 뿐 어느 수가 더 많은지는 알려 주지 않습니다. 무한한 개수가 존재하는 이 둘을 어떻게 비교해 보면 좋을까요?

유리수와 무리수는
무한개 존재합니다

  고등학교 1학년 수학 시간에 **집합**에 대해 배웁니다. 집합이
란 어떤 것이 모여 있는 것을 의미하며, 집합에 포함되는 개
별적인 것들을 **원소**라고 합니다. 교과서에서는 자연수 전체
로 구성된 집합, 정수 전체로 구성된 집합, 유리수 전체로 구
성된 집합 사이에 다음과 같은 **포함 관계**가 성립한다고 알려
줍니다.

그림 8-1

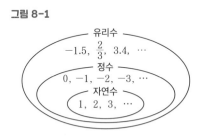

  자연수 전체의 집합에는 1, 2, 3, …과 같은 양의 정수가 포
함되는데 비해, 정수 전체의 집합에는 양의 정수에 0과 음의
정수까지 포함됩니다. 그리고 유리수 전체의 집합에는 순환

소수와 분수도 포함됩니다.

 자연수는 끝없이 큰 수가 존재하기 때문에 무한개 존재합니다. 따라서 자연수를 포함하는 정수와 유리수도 무한개 존재한다는 것을 알 수 있습니다. 한편 자연수나 정수의 범위를 한정하면 그 안에 포함되는 개수는 유한해집니다. 예를 들어

$$x < 10$$

을 만족하는 자연수 x 의 개수는 1부터 9까지 아홉 개가 됩니다. 또한

$$-10 \leq x \leq 10$$

을 만족하는 정수 x의 개수는 −10부터 10까지 21개가 됩니다. 이에 대해 유리수는 범위를 어떻게 한정하든 서로 다른 두 개의 유리수 사이에 무한개의 유리수가 존재한다고 할 수 있습니다. 예를 들어 분수

$$\frac{1}{k} \ (k\text{는 자연수})$$

은 k 값을 키울수록 분수 값은 점점 작아지지만, 결코 0이 되지는 않습니다.

$$0 < \cdots < \frac{1}{5} < \frac{1}{4} < \frac{1}{3} < \frac{1}{2} < 1$$

이 사실을 통해 $0 < x < 1$을 만족하는 유리수 x는 무한개 존재한다는 것을 알 수 있습니다.

수직선상에 수를 표시하면 자연수나 정수는 띄엄띄엄 존재하지만, 유리수의 경우 0과 1 사이의 구간 안에 무한개가 빼곡하게 채워져 있는 것입니다.

그림 8-2 ●━━━━━━━━━
　　　　　0　　　　　1

마치 무한개의 유리수가 끼워진 떡꼬치 같아 보이기도 합니다. 아무리 먹어도 사라지지 않기 때문에 배가 부를 수밖에 없겠지요. 그렇지만 수직선상에는 여전히 '틈새'가 있고, 유리수가 아닌 무리수가 존재합니다. 앞의 6장에서 수직선상에 $\sqrt{2}, \sqrt{3}, \sqrt{5} \cdots$와 같은 무리수를 작도하는 법을 소개했습니다. $0 < x < 1$ 구간에 무리수가 무한개 존재한다는 사실은 다음과 같이 나타낼 수 있습니다. $\sqrt{2} = 1.414\cdots$이므로,

$$0 < \frac{\sqrt{2}}{2} < 1$$

위와 같은 방법으로 분모의 수를 키워 나가면

$$0 < \cdots < \frac{\sqrt{2}}{5} < \frac{\sqrt{2}}{4} < \frac{\sqrt{2}}{3} < \frac{\sqrt{2}}{2} < 1$$

여기에서,

$$\frac{\sqrt{2}}{k} \ (k\text{는 자연수})$$

가 모두 무리수가 된다는 것은 귀류법을 사용하여 다음과 같이 나타낼 수 있습니다. 만약 $\frac{\sqrt{2}}{k}$ 가 유리수라고 하면, 분수로 표현할 수 있기 때문에

$$\frac{\sqrt{2}}{k} = \frac{m}{n} \ (m\text{과 } n\text{은 자연수})$$

식을 변형하면

$$\sqrt{2} = \frac{km}{n}$$

이 되며, km 및 n은 자연수이기 때문에 $\sqrt{2}$를 분수로 표현할 수 있다는 것이 되므로 모순이 발생합니다.

이제 수직선상에는 유리수가 무한개 존재하지만 '틈새'가 있고, 그 간격을 메우는 무리수가 무한개 존재한다는 것을 알게 되었습니다. 그렇다면 유리수와 무리수를 합하면 수직선상의 간격을 모두 메울 수 있을까요?

수직선상의 한 점 a가 주어졌을 때, 수직선은

$$x \leq a 와\ x > a \ 또는\ x < a 와\ x \geq a$$

두 영역 A, B로 나눌 수 있습니다.

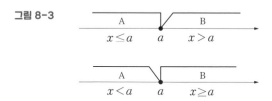

그림 8-3

$x \leq a \quad a \quad x > a$

$x < a \quad a \quad x \geq a$

이때 다음의 네 경우를 생각해 볼 수 있습니다.

1. 영역 A에 최대의 유리수가 존재하고, 영역 B에 최소의 유리수가 존재한다.

그림 8-4

2. 영역 A에 최대의 유리수는 존재하지만, 영역 B에 최소의 유리수는 존재하지 않는다.

그림 8-5

3. 영역 A에 최대의 유리수는 존재하지 않지만, 영역 B에 최소의 유리수는 존재한다.

그림 8-6 —— A ——○● B ——

4. 영역 A에 최대의 유리수도, 영역 B에 최소의 유리수도
   존재하지 않는다.

그림 8-7 ——— A ——○ ○— B ———

이 중에서 1번의 경우는 A의 최대 유리수를 c라고 하고, B
의 최소 유리수를 d라고 하면

$$c < \frac{c+d}{2} < d$$

이에 따라 유리수 $\frac{c+d}{2}$는 A, B 중 어디에도 포함되지 않으
므로 모순입니다. 따라서 1번의 경우는 일어날 수 없다는 것
을 알 수 있습니다. 그렇다면 2, 3, 4번의 세 가지 경우에 대
해서도 각각 생각해 볼까요?

먼저 수직선상에 있는 점을 경계로 하여 수직선을 두 영역
A와 B로 나누었을 때, A가 최대 유리수를 포함하거나(2번의
경우) B가 최소 유리수를 포함할 때(3번의 경우), 이 경계점을
유리수라고 정의합니다.

그림 8-8 ——— A $\frac{1}{3}$ ●○ B ———

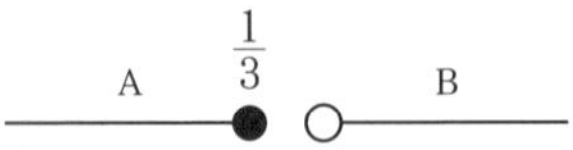

A는 최대 유리수를 포함한다   B는 최소 유리수를 포함하지 않는다

그림 8-9

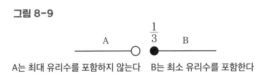

A는 최대 유리수를 포함하지 않는다   B는 최소 유리수를 포함한다

한편 수직선상에 있는 점을 경계로 두 영역 A와 B로 나누었을 때, A는 최대 유리수를 포함하지 않고, 동시에 B도 최소 유리수를 포함하지 않을 경우(4번의 경우), 이 경계점은 무리수라고 정의합니다.

그림 8-10

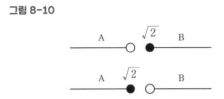

A는 최대 유리수를 포함하지 않는다   B는 최소 유리수를 포함하지 않는다

수직선상에 있는 임의의 점 a에 대해, a를 경계로 하여 수직선을 두 개로 나누면 위에 언급된 2, 3, 4번 중 어느 하나의 경우에 해당합니다. 그러므로 수직선상의 점은 유리수 또는 무리수 중 하나에 해당하며, 유리수와 무리수를 합치면 수직선상에는 틈새가 없다고 할 수 있습니다. 이런 성질을 가리켜 **실수의 연속성**이라고 합니다.

무한한 개수끼리 비교해 봅시다

수직선상에 무한개의 유리수와 무한개의 무리수가 빈틈없이 나열되어 있다는 것은 이해했을 것입니다. 그렇다면 유리수와 무리수 중에서 어느 쪽의 개수가 더 많을까요?

두 개의 집합에 포함되는 원소의 수가 유한개인 경우, 각각의 집합에 포함되는 원소를 비교해 보면 어느 쪽의 개수가 더 많은지 확인할 수 있습니다. 그러나 유리수 전체 또는 무리수 전체는 모두 무한개의 원소를 가지고 있습니다. 무한개의 원소를 하나씩 세어 보는 방법으로는 아무리 세어도 다 세지 못할 것입니다. 그렇다면 무한개끼리 어떻게 개수를 비교해 볼 수 있을까요?

집합 두 개를 비교할 경우, 각각의 집합에 포함된 원소를 일대일 대응시키는 방법으로 어느 쪽 수가 더 많은지 판단할 수 있습니다. 예를 들어 한 반에 있는 남학생과 여학생 수를 비교할 경우, 남학생 전체의 집합과 여학생 전체의 집합에서 남학생과 여학생을 각각 한 명씩 짝을 지어 봅시다. 그러면 마지막에 남은 사람이 있는 집단의 인원수가 더 많다는 것을 알 수 있습니다.

원소가 무한개 포함되어 있는 집합 두 개를 비교할 경우, 역시 각각의 집합에 포함된 원소들끼리 일대일 대응이 된다면 두 집합에 포함된 원소의 개수가 같다고 할 수 있습니다.

그림 8-11

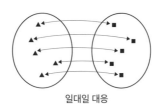

일대일 대응

유리수 전체와 무리수 전체를 비교하기 전에, 자연수 전체와 정수 전체를 비교해 봅시다. 자연수 전체의 집합은 정수 전체의 집합에 포함되기 때문에, 자연수 전체보다 정수 전체 원소의 수가 당연히 더 많다는 것을 알 수 있습니다. 한편 자연수 전체의 집합과 정수 전체의 집합은 모두 원소의 수가 무한개 존재합니다. 여기에서 자연수와 정수 사이에 일대일 대응 관계를 만들 수 있는지 생각해 봅시다. 먼저 자연수와 정수에서 같은 수끼리 대응시키면 정수의 개수가 남게 됩니다.

그림 8-12

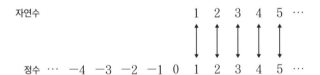

그러면 정수가 남지 않도록 일대일 대응을 할 수 있는 방법은 없을까요? 이번에는 양의 정수에 짝수를 대응시키고, 0 또는 음의 정수에 홀수를 대응시켜 보겠습니다.

그림 8-13

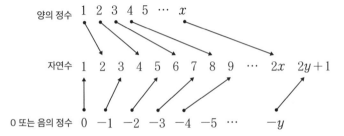

이와 같이 대응시켜 보면 자연수와 정수가 일대일 대응한다는 것을 알 수 있습니다. 정확히 표현하면 정수와 자연수가 다음과 같이 관계를 맺는 경우, 일대일 대응을 할 수 있습니다.

$$\text{양의 정수 } x \leftrightarrow \text{자연수 } 2x$$

$$0 \text{ 또는 음의 정수} - y \leftrightarrow \text{자연수 } 2y + 1$$

이런 방법으로 자연수와 정수 사이에 일대일 대응 관계를 맺을 수 있습니다. 그러므로 자연수 전체와 정수 전체의 개수는 같다고 할 수 있습니다. 그런데 자연수 전체의 집합은 정수 전체의 집합에 완전히 포함되기 때문에, 두 집합의 개수가 같다는 것이 이해가 되지 않는 독자도 많을 겁니다.

우리의 일상생활에서 집합이란 모두 유한한 것입니다. 유한개의 원소로 구성된 집합을 **유한 집합**이라고 합니다. 두 개의 유한 집합 A와 B를 비교할 때, A가 B를 완전히 포함하고 있다면, A에 포함되는 원소의 수는 B에 포함된 원소의 수보다 많습니다. 예를 들어

A = 한 반에 속한 학생 전체의 집합

B = 한 반에 속한 여학생 전체의 집합

이라고 가정하면, A에 포함되는 원소의 수는 B에 포함되는 원소의 수보다 커집니다. (한 반이 여학생으로만 구성된 경우라면 같아질 것입니다.)

이에 비해 무한개의 원소로 구성된 집합을 **무한 집합**이라고 합니다. 무한 집합은 일상생활에서는 발견할 수 없기 때문에 연상하기가 어려울 수도 있는데, 다음과 같은 문제를 생각해 보겠습니다.

여기 두 개의 컵 안에 같은 양의 식염수가 들어 있다고 가정해 봅시다. 각각의 컵에 들어 있는 식용 소금의 양을 비교하

려면 어떻게 해야 할까요? 식염수에 포함된 염화나트륨 분자의 수는 유한하지만, 분자의 수를 실제로 세어 보는 것은 불가능합니다. 각각의 컵에 들어 있는 식염수 맛을 본 다음, 더 짠 편이 식용 소금의 양이 많다고 추리하는 것도 한 방법입니다. 그러나 맛을 봐도 차이를 알 수 없다면, 농도계로 식염수의 농도를 측정해 농도가 높은 편이 식용 소금이 더 많이 들어 있다고 판단할 수 있습니다.

그림 8-14

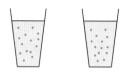

어느 컵의 식염수에 식용 소금이
더 많이 들어 있을까요?

무한 집합에는 무한개의 원소가 포함되어 있어 셀 수 없기 때문에, 식염수의 경우와 마찬가지로 집합에 포함된 원소의 수를 **농도**로 표현합니다. 무한 집합끼리 비교하여 두 개의 집합에 포함된 원소 사이에 일대일 대응이 되는 경우, 두 무한 집합의 **농도가 같다**고 표현합니다. 자연수 전체의 집합과 정수 전체의 집합은 둘 다 무한 집합이지만, 자연수와 정수끼리는 일대일 대응이 되기 때문에 농도가 같다고 할 수 있습니다.

그렇다면 자연수 전체와 유리수 전체를 비교하면 어떨까요? 유리수는 분수로 표현할 수 있는 모든 수이기 때문에 당연히 유리수가 자연수보다 더 많을 것 같습니다. 그렇다면 앞서 사용한 것과 같은 방법으로 자연수와 유리수 사이에 일대일 대응이 될 수 있는지 확인해 봅시다.

먼저 양의 유리수를 분수로 나타낸 것을 다음과 같이 하나도 빠트리지 않고 배열해 보겠습니다.

그림 8-15

$$\frac{1}{1} \quad \frac{1}{2} \quad \frac{1}{3} \quad \frac{1}{4} \quad \frac{1}{5} \quad \frac{1}{6} \quad \cdots$$

$$\frac{2}{1} \quad \frac{2}{2} \quad \frac{2}{3} \quad \frac{2}{4} \quad \frac{2}{5} \quad \frac{2}{6} \quad \cdots$$

$$\frac{3}{1} \quad \frac{3}{2} \quad \frac{3}{3} \quad \frac{3}{4} \quad \frac{3}{5} \quad \frac{3}{6} \quad \cdots$$

$$\frac{4}{1} \quad \frac{4}{2} \quad \frac{4}{3} \quad \frac{4}{4} \quad \frac{4}{5} \quad \frac{4}{6} \quad \cdots$$

$$\frac{5}{1} \quad \frac{5}{2} \quad \frac{5}{3} \quad \frac{5}{4} \quad \frac{5}{5} \quad \frac{5}{6} \quad \cdots$$

$$\vdots \quad\quad \vdots \quad\quad \vdots \quad\quad \vdots \quad\quad \vdots \quad\quad \vdots$$

가로 방향으로

$$\frac{1}{1} \quad \frac{1}{2} \quad \frac{1}{3} \quad \frac{1}{4} \quad \cdots$$

처럼 분모의 수를 하나씩 증가시킨 분수를 배열하고, 세로 방향으로

$$\frac{1}{2} \quad \frac{2}{2} \quad \frac{3}{2} \quad \frac{4}{2} \quad \cdots$$

처럼 분자의 수를 하나씩 증가시킨 분수를 배열합니다. 이렇게 배열해 보면 분자와 분모의 모든 숫자 조합이 어디엔가 반드시 배열되기 때문에, 양의 유리수는 이 안에 모두 포함됩니다.

그다음으로는 $\frac{1}{1}$부터 $\frac{2}{1}$, $\frac{1}{2}$, $\frac{1}{3}$, …처럼 다음의 화살표 순서대로 기약 분수를 배열해 보겠습니다.

그림 8-16

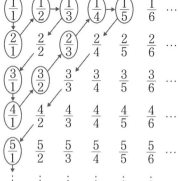

$\frac{2}{2}$, $\frac{2}{4}$, $\frac{3}{3}$처럼 기약분수가 아닌 것은 제외합니다.

마지막으로 0을 시작으로 양수인 기약분수와 음수인 기약분수를 번갈아 가며 배치하여 자연수와 일대일 대응이 되게 합니다.

그림 8-17

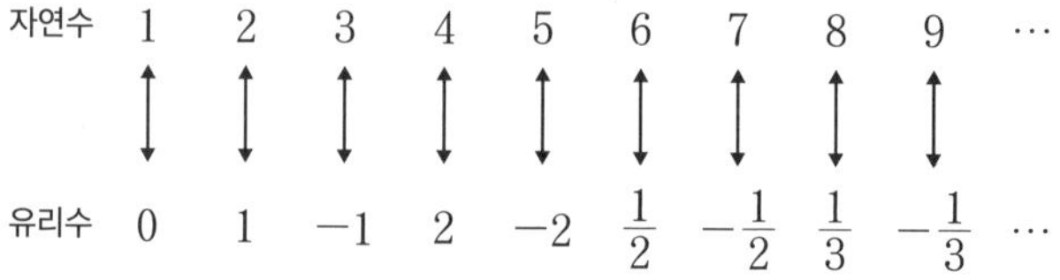

자연수	1	2	3	4	5	6	7	8	9	…
유리수	0	1	-1	2	-2	$\frac{1}{2}$	$-\frac{1}{2}$	$\frac{1}{3}$	$-\frac{1}{3}$	…

이처럼 모든 기약분수를 순서대로 나열하면 자연수와 일대일 대응이 되기 때문에, 유리수 전체의 집합과 자연수 전체의 집합은 농도가 같다는 것을 확인할 수 있습니다. 수직선상에서 띄엄띄엄 존재하는 자연수와 0과 1 사이마저 꽉 채운 유리수를 비교했을 때 그 개수가 비슷하다는 것입니다. 이처럼 자연수 전체의 집합과 농도가 같은 무한 집합을 **가산 무한 집합**이라고 합니다. 정수 전체의 집합과 유리수 전체의 집합은 가산 무한 집합이며, 자연수를 가지고 하나씩 셀 수 있습니다.

무리수는 셀 수 없어요!

유리수 p $(p \neq 0)$에 대해

$$\sqrt{2} \times p \qquad \sqrt{3} \times p \qquad \pi \times p$$

는 모두 서로 다른 무리수가 됩니다. 예를 들어 만약 $\sqrt{2} \times p$ 가 유리수가 된다면

$$\sqrt{2} \times p = \frac{m}{n} \; (\, m, \, n \text{은 정수}, \, n \neq 0 \,)$$

처럼 분수로 나타낼 수 있기 때문에

$$\sqrt{2} = \frac{m}{n} \times \frac{1}{p} = \frac{m}{np}$$

이므로 $\sqrt{2}$를 분수로 표현할 수 있다는 것이 되어 모순이 발생합니다. 마찬가지로 $\sqrt{3} \times p$, $\pi \times p$도 무리수가 된다는 것을 증명할 수 있으며, 이것은 모두 서로 다른 수가 됩니다. 무

리수는 $\sqrt{2}$, $\sqrt{3}$, $\sqrt{5}$, …처럼 무수히 많이 존재하기 때문에 한 개의 유리수 p를 가지고 무수히 많은 서로 다른 무리수를 만들어 낼 수 있습니다. 이 사실을 통해 유리수 전체보다 무리수 전체의 수가 훨씬 많다는 생각이 들지도 모릅니다. 그러나 자연수 전체보다 유리수 전체의 수가 압도적으로 많은 것처럼 느껴진다 해도, 앞서 살펴본 것처럼 자연수 전체와 유리수 전체의 농도는 같습니다. 무한의 세계에서 직감은 믿을 수 없는 것입니다. 무리수 전체가 유리수 전체보다 많다는 것을 증명하기 위해서는 무리수 전체를 자연수 전체와 일대일 대응시킬 수 없는, 다시 말해 무리수 전체의 집합이 가산 무한 집합이 아니라는 것을 증명해야 합니다.

그러므로 먼저 유리수와 무리수를 합친 실수 전체가 가산 무한 집합이 아니라는 점을 귀류법을 사용해 증명해 보겠습니다. $0 < x < 1$의 실수 x를 무한소수로 나타내고, 이를 모두 나열해서 자연수와 일대일 대응시켰다고 생각해 봅시다. 여기에서 x가 유한소수인 경우에는, 앞의 6장에서 설명한 것처럼 9가 무한히 계속되는 순환소수로 치환할 수 있습니다. 예를 들어

$$0.25 = 0.2499999\cdots$$

그러면 아래와 같이 일대일 대응이 되었다고 생각해 봅시다.

자연수	실수
1	$0.000189\cdots$
2	$0.022345\cdots$
3	$0.105067\cdots$
4	$0.249999\cdots$
$\vdots$	$\vdots$

위에서는 0.000189···라는 무한소수에 자연수 1을 대응시켰고, 같은 방법으로 0.022345···에는 2를, 0.105067···에는 3을 대응시켰습니다.

다음으로 소수점 이하의 대각선상에서 추출한 숫자를 나열한 무한소수에 대해 생각해 봅시다.

1	$0.\underline{0}00189\cdots$
2	$0.0\underline{2}2345\cdots$
3	$0.10\underline{5}067\cdots$
4	$0.249\underline{9}99\cdots$
$\vdots$	$\vdots$
	$0.0259\cdots$

위에서는 추출한 숫자의 아래에 선을 그어 표시했습니다. 첫 번째 소수 0.000189···에서는 소수점 이하 첫 번째 자리 숫자 0을 추출했고, 두 번째 소수 0.022345···에서는 소수점 이

하 두 번째 숫자 2를 추출했으며, 세 번째 소수 0.105067…에
서는 소수점 이하 세 번째 자리 숫자 5를 추출했습니다. 이를
반복하면, 이 숫자들에서 무한소수 0.0259…를 만들 수 있습
니다.

마지막으로 이 무한소수의 소수점 이하의 각 행에 있는 숫
자를 +1씩 어긋나게 만든 소수를 만듭니다. 단, 숫자가 9인
경우에는 1이 되는 것으로 합니다.

$$0.0259\cdots$$

$$\downarrow \text{각 행의 숫자에 } +1$$

$$0.1361\cdots$$

이렇게 만들어진 무한소수 0.1361…은 첫 번째 실수와는 소
수점 이하 첫 번째 자리 숫자가 다르고, 두 번째 실수와는 소
수점 이하 두 번째 자리 숫자가 다르며, 세 번째 실수와는 소
수점 이하 세 번째 자리 숫자가 다릅니다.

이것이 계속 이어지면 k번째($k \geq 1$) 실수와는 소수점 이하
k번째 자리 숫자가 다른 수가 됩니다. 따라서 여기에 나열되
어 있는 모든 실수와 소수점 이하의 숫자가 적어도 하나는 차
이가 나는 수가 되므로, 여기에 나열된 수에는 포함되지 않는
것을 의미합니다. 한편 무한소수 0.1361…은

$$0 < 0.1361\cdots < 1$$

을 만족하기 때문에 0.1361…이 나열되어 있는 숫자 안에 포함되어 있지 않다면, $0 < x < 1$의 실수 x를 모두 나열했다는 가정에 위배되기 때문에 모순이 됩니다. 따라서 $0 < x < 1$의 실수 x를 모두 나열하여 자연수와 일대일 대응시킬 수 없다는 점이 귀류법을 통해 증명되었습니다. 다시 말해 실수를 어떤 순서로 나열한다 해도, 나열된 것에 포함되지 않는 실수가 반드시 존재합니다. 위와 같은 증명 방법을 **대각선 논법**이라고 합니다.

정수나 유리수는 자연수와 일대일 대응시킬 수 있는 가산 무한 집합이었습니다. 이에 비해 실수는 자연수와 일대일 대응을 시킬 수 없기 때문에 가산 무한 집합이 아닙니다. 실수는 유리수와 무리수로 구성되어 있습니다. 만약 무리수 전체의 집합이 가산 무한 집합이라고 하면, 그림 8-18과 같이 유리수와 무리수를 상호 대응시키는 방법을 통해 실수를 자연수와 일대일 대응을 시킬 수 있다는 뜻이 되므로 모순이 발생합니다.

이 사실을 통해 무리수 전체의 집합은 가산 무한 집합이 아니라는 사실을 알게 되었습니다. 유리수 전체의 집합과 무리수 전체의 집합을 비교해 보면, 무리수 전체의 집합이 원소

그림 8-18

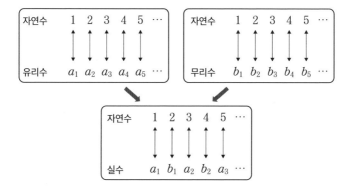

수가 더 많습니다(농도가 큽니다).

유리수의 집합과 무리수의 집합을 시각적으로 살펴볼 수 있는 예를 하나 들어 보겠습니다.

$$x^2 + y^2 = 1$$

위에는 x 좌표와 y 좌표가 모두 유리수인 점, 한쪽은 유리수이고 다른 한쪽은 무리수인 점, 둘 다 무리수인 점이 존재합니다. 예를 들어

$$(1, 0), \left(\frac{3}{5}, \frac{4}{5} \right), \left(\frac{5}{13}, \frac{12}{13} \right)$$

는 두 좌표가 모두 유리수인 점이고,

$$\left(\frac{\sqrt{3}}{2}, \frac{1}{2}\right), \left(-\frac{2}{3}, \frac{\sqrt{5}}{3}\right)$$

는 한쪽이 유리수이고 다른 쪽은 무리수인 점

$$\left(\frac{1}{\sqrt{2}}, \frac{1}{\sqrt{2}}\right)$$

은 양쪽 모두 무리수인 점입니다.

x 좌표와 y 좌표가 모두 유리수인 점을 **유리수점**이라고 부른다면, $x^2 + y^2 = 1$ 위에는 무한개의 유리수점이 존재한다는 사실을 다음과 같이 나타낼 수 있습니다. 유리수 t에 대해 점

$$(x, y) = \left(\frac{1-t^2}{1+t^2}, \frac{2t}{1+t^2}\right)$$

를 고려하면, 이 점이 $x^2 + y^2 = 1$의 원주상에 있다는 것은 (x, y) 값을 대입해서 다음과 같이 확인할 수 있습니다.

$$\left(\frac{1-t^2}{1+t^2}\right)^2 + \left(\frac{2t}{1+t^2}\right)^2 = \frac{(1-t^2)^2 + 4t^2}{(1+t^2)^2} = 1$$

이와 같은 점 $\left(\frac{1-t^2}{1+t^2}, \frac{2t}{1+t^2}\right)$는 유리수 t를 변화시키면 무수히 많이 존재하게 됩니다. 이런 방법을 통해 $x^2 + y^2 = 1$ 위

에는 무한개의 유리수점이 존재한다는 것을 알 수 있습니다. 마찬가지로 원 $x^2 + y^2 = 2$ 위에도 무수히 많은 유리수점이 존재합니다. $m = \dfrac{1 - t^2}{1 + t^2}$, $n = \dfrac{2t}{1 + t^2}$ (t는 유리수)라고 하면 앞 페이지의 결과로 $m^2 + n^2 = 1$입니다.

또한 $x = m + n$, $y = m - n$이라고 하면 x, y는 유리수이고

$$x^2 + y^2 = (m + n)^2 + (m - n)^2 = 2(m^2 + n^2) = 2$$

이므로 $x^2 + y^2 = 2$를 만족하는 유리수점 (x, y)가 존재합니다.

그런데 $x^2 + y^2 = 3$의 원주상에는 유리수점이 하나도 존재하지 않습니다.

그림 8-19

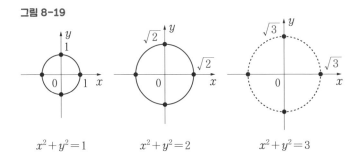

$$x^2 + y^2 = 1 \qquad x^2 + y^2 = 2 \qquad x^2 + y^2 = 3$$

만약 무리수가 존재하지 않는 세계가 있다고 하면, 그 세계에서는 $x^2 + y^2 = 3$의 원은 좌표 평면에서 사라질 것입니다.

무한에 대해 생각해 봅시다

고대 그리스 철학자 제논은 '어떤 물체가 A 지점에서 B 지점으로 이동하기 위해서는 그 중간 지점인 C에 도달해야 한다. 또한 C 지점에 도달하기 위해서는 A와 C의 중간 지점인 D에 반드시 도달해야 한다.'는 문제를 제기했습니다.

이 논법을 반복하면 물체는 A 지점에서 움직일 수 없게 됩니다. 이 문제는 **제논의 패러독스**라고 불리는 것 중 하나입니다.

그림 8-20

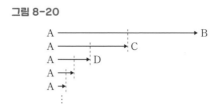

제논은 공간과 시간을 무한히 분할할 수 있다면, 운동을 할 수 없다고 주장했습니다. 제논의 패러독스를 통해 고대 그리스 사람들은 처음으로 '무한'이라는 개념을 접하게 되었습니다.

다음으로 중세 유럽으로 배경을 옮겨 볼까요? 16세기에 이탈리아의 천문학자이자 물리학자인 갈릴레이는 무한의 성질에 대해 중요한 발견을 했습니다. 자연수는 특정한 자연수를 제곱해서 얻을 수 있는 제곱수와 제곱수가 아닌 수, 이렇게 두 종류로 나눌 수 있습니다.

$$\underline{1}\ 2\ 3\ \underline{4}\ 5\ 6\ 7\ 8\ \underline{9}\ \cdots$$

위의 숫자들 중 밑줄을 그어 표시해 둔 1, 4, 9는 제곱수이며, 그외의 수는 제곱수가 아닙니다. 제곱수와 제곱수가 아닌 수를 비교해 보면, 제곱수가 아닌 수가 훨씬 많은 것처럼 보입니다. 그런데 갈릴레이는 자연수와 제곱수 사이에 일대일 대응이 가능하다는 사실을 깨닫게 되었습니다.

$$1\ 2\ 3\ 4\ 5\ \cdots\ n\ \cdots$$
$$\updownarrow\ \updownarrow\ \updownarrow\ \updownarrow\ \updownarrow\ \cdots\ \updownarrow\ \cdots$$
$$1\ 4\ 9\ 16\ 25\ \cdots\ n^2\ \cdots$$

어떤 자연수 n에 대해서든 그 제곱수 n^2이 존재하기 때문에, 제곱수와 자연수는 동일한 개수만큼 존재합니다. 갈릴레이는 이 사실에 근거하여 무한의 양을 비교했을 때, 어느 한쪽이 더 많거나 적을 수 없다고 결론을 내렸습니다.

수직선상에는 무한개의 유리수와 무리수가 포함되어 있습

니다. 그러므로 선분에는 무한개의 점이 포함되어 있다고 생각할 수 있습니다. 길이가 서로 다른 두 개의 선분이 있을 경우, 길이가 긴 선분에 포함되어 있는 점의 개수가 길이가 더 짧은 선분에 포함되어 있는 점의 개수보다 더 많다고 할 수 있을까요?

길이가 서로 다른 선분 AB와 선분 CD가 있다고 생각해 봅시다. 점 A와 점 C, 점 B와 점 D를 연결하고, 선분 AC와 선분 BD를 연장해 교차하는 점을 O라고 합시다. 이때 선분 AB 위의 점 P에 대해, 선분 OP를 연장해서 선분 CD와 교차하는 점을 Q라고 하면 선분 AB 위의 점 P는 선분 CD 위의 점 Q와 일대일 대응시킬 수 있습니다.

그림 8-21

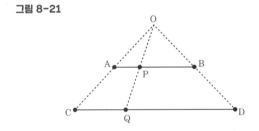

선분 AB보다 선분 CD가 더 길기 때문에, 선분 AB보다 선분 CD가 더 많은 점을 포함하고 있다고 생각했다면, 실제로는 그렇지 않습니다.

갈릴레이는 그가 쓴 저서《신과학대화》에서 다음과 같이 말했습니다.

"길이가 서로 다른 선분을 가지고 와서 길이가 긴 선에 포함된 점이 짧은 선에 포함된 점보다 더 많지 않은 이유에 대해 물을 경우, 나는 "한 개의 선분은 다른 선분보다 많거나 적거나 또는 같은 수의 점을 포함하고 있지 않으며 각 선분은 무수한 점을 포함하고 있다."라고 대답한다."

앞의 1장에서 언급한 것처럼 유클리드의 《원론》에는 다음과 같은 정의가 언급되어 있습니다.

1. 점은 쪼갤 수 없는 것이다.
2. 선은 폭이 없는 길이이다.
3. 선의 양 끝은 점으로 이루어져 있다.
4. 직선은 고르게 놓여 있는 점 위에 있는 선이다.

그런데 유클리드는 크기를 가지지 않는 '점'에서 어떻게 유한한 길이인 '선'을 만들 수 있는지에 대해서는 설명하지 않았습니다. 기하학을 구축하기 위해 '점'과 '선'의 개념은 빼놓을 수 없는 것이지만, 실제 세계에서의 '선'은 유한하며, 크기를 가지는 것입니다. 그러나 '점'이 크기를 가진다고 하면 무한개의 '점'이 모여 만들어진 '선'의 길이는 무한대가 되어야 합니다. 유클리드는 무한의 개념이 초래하는 불합리함을 깨달았기 때문에, '점'과 '선'의 개념을 깊이 파고들지 않고, 인간의 '직감'에 호소하는 편을 택했을지도 모릅니다.

유클리드의《원론》에는 명백하게 받아들여지는 성질로 다음과 같은 공리도 언급하고 있습니다.

전체는 부분보다 크다.

갈릴레이의 발견은 당시 수학의 절대적인 권위자였던 유클리드의 위와 같은 주장과 모순되는 것이었습니다. 갈릴레이는 이 발견에 충격을 받고, 무한에 관한 책의 집필을 중단했다고 합니다. 갈릴레이는 판도라의 상자를 열었지만, '무한의 크기를 비교하는 것은 무의미하다'고 결론짓고 그 상자의 뚜껑을 덮어 버렸습니다. 무한이란 일상적인 직감이 전혀 통용되지 않는 세계이기 때문에, 그 이후 19세기가 되기까지 이 개념에 정면으로 접근한 수학자들은 등장하지 않았습니다.

19세기 독일의 수학자 게오르크 칸토어는 정수와 유리수 사이에 일대일 대응이 존재한다는 것을 증명했고, 그와 동시에 대각선 논법을 사용하여 실수와 유리수 사이에는 일대일 대응이 존재하지 않는다는 것을 증명했습니다. 이에 따라 '무한'은 하나가 아니며, 여러 층이 존재한다는 것이 처음으로 명백해졌습니다. 그러나 이 발상은 무한을 기피한 보수적인 수학

그림 8-22

갈릴레오 갈릴레이

게오르크 칸토어

자들에게는 받아들여지지 않았으며, 연구 발표도 방해받게 되었습니다. 말년에 정신 질환을 앓게 된 칸토어는 1918년 1월에 72세의 나이로 생을 마감했습니다. 그가 남긴 "수학의 본질은 그것이 갖는 자유로움에 있다."라는 말은 지금까지도 수학 역사에 길이 남을 명언으로 전해지고 있습니다.

힐베르트의 무한 호텔

독일의 수학자 힐베르트가 주장한 무한과 관련된 패러독스를 소개해 보겠습니다.

(1) 객실을 무한개 보유하고 있는 호텔이 있습니다. 어느 날, 새로운 손님이 한 명이 찾아왔는데 공교롭게도 호텔은 만실이었습니다. 호텔 프런트에서는 특정한 아이디어를 생각해 냈고 그 손님은 호텔에 투숙할 수 있었습니다. 프런트에서는 어떤 아이디어를 냈을까요?

그림 8-23

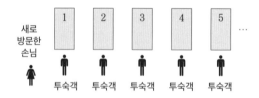

프런트에서는 1호실 투숙객을 2호실로, 2호실 투숙객을 3호실로, 3호실 투숙객을 4호실로… 이렇게 순서대로 투숙객들을 이동시킨 다음, 비어 있는 1호실에 새로운 손님을 숙박하게 했습니다.

그림 8-24

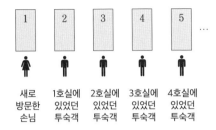

새로 방문한 손님 / 1호실에 있었던 투숙객 / 2호실에 있었던 투숙객 / 3호실에 있었던 투숙객 / 4호실에 있었던 투숙객

(2) 이튿날, 이 호텔에 무한개의 좌석을 가진 만원 버스가 한 대 도착했습니다. 그러나 호텔은 이미 만실이었습니다. 호텔 프런트에서는 한 가지 아이디어를 내서 버스 승객들을 전부 호텔에 투숙하게 할 수 있었습니다.

과연 어떤 방법을 사용한 것일까요?

그림 8-25

프런트에서는 1호실 투숙객을 2호실로, 2호실 투숙객을 4호실로, 3호실 투숙객을 6호실로… 이동시켰습니다. 이런 규칙으로 투숙객을 모두 짝수 호실로 이동시킨 다음, 비어 있는 무한개의 홀수 호실에 버스에 타고 있던 무한 명의 승객을 투숙하게 했습니다.

(3) 다음 날, 무한개의 좌석을 가진 만원 버스가 무한대 도
착했습니다. 그러나 호텔은 이미 만실이었습니다. 무한
대의 버스에 타고 있는 모든 승객을 호텔에 투숙시키기
위해 프런트에서는 (2)에서 적용한 방법으로 모든 홀수
호실을 비운 다음, 1호 차의 1번 좌석 승객(1/1), 1호 차
의 2번 좌석 승객(1/2), 2호 차의 1번 좌석 승객(2/1),
3호 차의 1번 좌석 승객(3/1)… 과 같은 순서로 비어 있
는 호실에 손님들을 투숙하게 했습니다.

그림 8-26

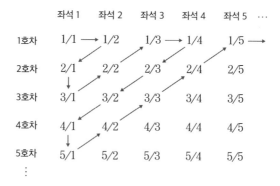